普通高等院校机电工程类规划教材

机械设计基础实验指导书

（第2版）

林秀君 主编

吴嵩山 吕文阁 成思源 副主编

清华大学出版社

北京

内 容 简 介

本书主要介绍机械原理和机械设计课程大纲规定的基本实验项目,包括机构认知实验、机构运动简图的测绘与分析、齿轮的范成实验、齿轮参数测量实验、机械零件认知实验、螺栓联接拉伸实验、带传动特性、滑动轴承实验及减速器装拆实验等演示性及验证性实验项目;还介绍了机构运动方案创新设计实验、机械传动系统组合实验、轴系组合设计及分析、机械传动性能综合实验及慧鱼技术创新设计实验等设计性、综合性实验项目;以及机械传动效率测定与分析、摩擦及磨损实验、弹簧特性测定、自行车拆装实验等应用性和提高性实验项目。读者可根据需要选择合适的实验项目进行实验。

本书可作为高等院校机械类及近机械类专业"机械设计基础"课程的实验教材,也可供相关专业工程技术人员参考。

图书在版编目(CIP)数据

机械设计基础实验指导书/林秀君主编. —2 版. —北京:清华大学出版社,2019(2024.7重印)
(普通高等院校机电工程类规划教材)
ISBN 978-7-302-53280-4

Ⅰ.①机… Ⅱ.①林… Ⅲ.①机械设计-实验-高等学校-教学参考资料 Ⅳ.①TH122-33

中国版本图书馆 CIP 数据核字(2019)第 138231 号

责任编辑:冯　昕
封面设计:傅瑞学
责任校对:赵丽敏
责任印制:曹婉颖

出版发行:清华大学出版社
　　　网　　　址:https://www.tup.com.cn, https://www.wqxuetang.com
　　　地　　　址:北京清华大学学研大厦 A 座　　　　　　邮　　编:100084
　　　社 总 机:010-83470000　　　　　　　　　　　　邮　　购:010-62786544
　　　投稿与读者服务:010-62776969,c-service@tup.tsinghua.edu.cn
　　　质量反馈:010-62772015,zhiliang@tup.tsinghua.edu.cn
印 装 者:三河市科茂嘉荣印务有限公司
经　　销:全国新华书店
开　　本:185mm×260mm　　　印　张:8　　　字　数:191 千字
版　　次:2011 年 2 月第 1 版　　2019 年 6 月第 2 版　　印　次:2024 年 7 月第 5 次印刷
定　　价:28.00 元

产品编号:083169-01

第 2 版前言

"机械设计基础"课程包括机械原理和机械设计两部分,是培养学生具有机械基础知识及机械创新能力的技术基础课,为机械类各专业教学计划中的主干课程,在培养合格机械工程设计人才方面起着极其重要的作用,是学习专业课程和从事机械产品设计的必备基础。

"机械设计基础"课程涉及的内容较多、较广,并且是一门工程实践性很强的课程。因此,其相应的"机械设计基础"实验环节不仅对学生巩固所学知识、培养工程实践和动手能力,而且对培养学生分析问题和解决问题的能力都具有重要的意义。

本书根据国家工科基础课程实验教学建设要求编写,内容丰富,涉及面广,不仅介绍了机械原理和机械设计课程大纲规定的基本实验项目,还介绍了设计性、综合性和应用性等提高性实验项目。为适应培养创新型人才的时代需要,本书增加了创新实验和研究性实验项目,教师可根据教学需要选择合适的实验项目进行实验。本书可作为高等院校机械类及近机械类专业"机械设计基础"课程的实验教材,也可供相关专业工程技术人员参考。

本书力求概念准确、层次清晰、内容规范,对每个实验的目的、设备、实验原理及实验操作步骤叙述清楚,具有可读性和可操作性。

本书在原《机械设计基础实验指导书》第 1 版的基础上修订,删减了几个不常开设的实验项目,对第 1 版中文字、插图的错漏进行更正,部分参考文献也做了更新,还根据国家标准代号的要求更新了书中标准件的标准代号。

本书在编写过程中,参阅了其他版本的同类教材、相关资料和文献;路家斌、潘继生、谢宋良、唐文艳、张晓伟、夏鸿建、李苏洋等老师提出了宝贵的意见,出版社的编辑人员为本书的出版投入了大量的劳动,在此衷心致谢。

由于编者的水平和时间所限,误漏之处在所难免,敬请同行专家和广大读者批评指正,以便再版时修正。

编　者
2019 年 2 月

第1版前言

"机械设计基础"课程包括机械原理和机械设计两部分,是培养学生具有机械基础知识及机械创新能力的技术基础课,为机械类和近机械类各专业教学计划中的主干课程,在培养合格机械工程设计人才方面起着极其重要的作用。

"机械设计基础"课程涉及的内容较多、较广,并且是一门工程实践性很强的课程。因此,其相应的机械设计基础实验环节不仅对学生巩固所学知识、培养工程实践和动手能力,而且对培养学生分析问题和解决问题的能力都具有很重要的意义。

本书根据国家工科基础课程实验教学建设要求编写,内容丰富、涉及面广,不仅介绍了机械原理和机械设计课程大纲规定的基本实验项目,还介绍了设计性、综合性和应用性等提高性实验项目;为适应培养创新型人才的时代需要,本书增加了创新实验和研究性实验项目,教师可根据教学需要选择合适的实验项目进行实验。

本书力求概念准确、层次清晰、内容规范,对每个实验的目的、设备、实验原理及实验操作步骤叙述清楚,具有可读性和可操作性。

本书由林秀君、吕文阁和成思源主编。

本书在广东工业大学陈志荣、刘小康的自编教材《机械设计基础实验指导书》(包括实验项目1.2、1.3、1.5、2.3、2.4、2.7、2.8)的基础上改编;新增的实验项目1.9由刘晓宁编写,项目2.2及项目2.9由潘继生、吴嵩山编写,项目1.10由路家斌编写,其他实验由林秀君、吕文阁和成思源编写,全书由林秀君统稿。

本书在编写过程中,参阅了其他版本的同类教材、相关资料和文献,在此衷心致谢。

由于编者的水平和时间所限,误漏之处在所难免,敬请同行专家和广大读者批评指正,以便再版时修正。

编 者
2010 年 12 月

目　　录

第 1 章　机械原理实验 ……………………………………………………… 1

1.1　机构认知实验 …………………………………………………… 1

1.1.1　实验目的 ………………………………………………… 1

1.1.2　实验设备 ………………………………………………… 1

1.1.3　实验方法 ………………………………………………… 1

1.1.4　实验内容 ………………………………………………… 1

1.2　机构运动简图的测绘与分析 …………………………………… 3

1.2.1　实验目的 ………………………………………………… 3

1.2.2　实验设备和工具 ………………………………………… 3

1.2.3　实验原理和方法 ………………………………………… 3

1.2.4　测绘方法与步骤 ………………………………………… 4

1.2.5　实验要求 ………………………………………………… 4

1.2.6　思考题 …………………………………………………… 5

1.3　连杆机构运动参数测试及分析 ………………………………… 6

1.3.1　实验目的 ………………………………………………… 6

1.3.2　实验装置 ………………………………………………… 6

1.3.3　实验原理 ………………………………………………… 6

1.3.4　实验准备 ………………………………………………… 7

1.3.5　实验步骤 ………………………………………………… 7

1.3.6　实验记录 ………………………………………………… 10

1.3.7　思考题 …………………………………………………… 10

1.4　齿轮的范成实验 ………………………………………………… 11

1.4.1　实验目的 ………………………………………………… 11

1.4.2　实验设备和工具 ………………………………………… 11

1.4.3　实验原理和方法 ………………………………………… 11

1.4.4　实验前准备 ……………………………………………… 12

1.4.5　实验步骤 ………………………………………………… 12

1.4.6　思考题 …………………………………………………… 13

1.5　齿轮参数测量实验 ……………………………………………… 14

1.5.1　实验目的 ………………………………………………… 14

1.5.2　实验设备和工具 ………………………………………… 14

1.5.3　实验原理和内容 ………………………………………… 14

1.5.4　实验要求 ………………………………………………… 16

1.5.5　实验记录 ………………………………………………… 17

　　　　1.5.6　思考题 ……………………………………………………… 17
　　1.6　凸轮廓线检测实验 ………………………………………………… 18
　　　　1.6.1　实验目的 ……………………………………………………… 18
　　　　1.6.2　实验设备及工具 ……………………………………………… 18
　　　　1.6.3　实验原理和方法 ……………………………………………… 18
　　　　1.6.4　实验步骤 ……………………………………………………… 19
　　　　1.6.5　实验结果 ……………………………………………………… 21
　　　　1.6.6　思考题 ………………………………………………………… 22
　　1.7　计算机控制硬支承动平衡机测试 ………………………………… 23
　　　　1.7.1　实验目的 ……………………………………………………… 23
　　　　1.7.2　实验内容和要求 ……………………………………………… 23
　　　　1.7.3　实验设备及工具 ……………………………………………… 23
　　　　1.7.4　动平衡机结构和工作原理 …………………………………… 23
　　　　1.7.5　实验方法、步骤及结构测试 ………………………………… 25
　　　　1.7.6　故障排除 ……………………………………………………… 26
　　　　1.7.7　实验记录 ……………………………………………………… 27
　　　　1.7.8　思考题 ………………………………………………………… 27
　　1.8　机构运动方案创新设计实验 ……………………………………… 29
　　　　1.8.1　实验目的 ……………………………………………………… 29
　　　　1.8.2　实验内容 ……………………………………………………… 29
　　　　1.8.3　实验要求 ……………………………………………………… 29
　　　　1.8.4　实验设备及工具 ……………………………………………… 29
　　　　1.8.5　实验方法与步骤 ……………………………………………… 30
　　　　1.8.6　实验报告 ……………………………………………………… 32
　　　　1.8.7　思考题 ………………………………………………………… 32
　　　　1.8.8　机构运动方案创新设计参考题目 …………………………… 32
　　　　1.8.9　HM 型机构系统创新组合模型使用说明书 ……………… 39

第 2 章　机械设计实验 …………………………………………………… 48
　　2.1　机械零件认知实验 ………………………………………………… 48
　　　　2.1.1　实验目的 ……………………………………………………… 48
　　　　2.1.2　实验设备 ……………………………………………………… 48
　　　　2.1.3　实验方法 ……………………………………………………… 48
　　　　2.1.4　实验内容 ……………………………………………………… 48
　　2.2　螺栓连接拉伸实验 ………………………………………………… 55
　　　　2.2.1　实验目的 ……………………………………………………… 55
　　　　2.2.2　实验原理 ……………………………………………………… 55
　　　　2.2.3　实验主要仪器设备 …………………………………………… 57
　　　　2.2.4　实验内容和要求 ……………………………………………… 59

2.2.5　实验步骤及结果测试 ……………………………………… 59

2.2.6　实验报告 ………………………………………………………… 61

2.2.7　思考题 …………………………………………………………… 61

2.3　带传动特性…………………………………………………………… 63

2.3.1　实验目的 ………………………………………………………… 63

2.3.2　实验台的构造和工作原理 …………………………………… 63

2.3.3　实验步骤 ………………………………………………………… 65

2.3.4　实验记录 ………………………………………………………… 65

2.3.5　实验报告 ………………………………………………………… 66

2.3.6　实验数据处理 …………………………………………………… 66

2.3.7　思考题 …………………………………………………………… 66

2.4　滑动轴承实验………………………………………………………… 67

2.4.1　实验目的 ………………………………………………………… 67

2.4.2　实验台的构造与工作原理 …………………………………… 67

2.4.3　实验注意事项 …………………………………………………… 69

2.4.4　实验方法与步骤 ………………………………………………… 69

2.4.5　实验记录 ………………………………………………………… 71

2.4.6　实验数据处理 …………………………………………………… 71

2.4.7　思考题 …………………………………………………………… 71

2.5　机械传动系统组合实验……………………………………………… 72

2.5.1　实验目的 ………………………………………………………… 72

2.5.2　实验设备 ………………………………………………………… 72

2.5.3　实验内容及要求 ………………………………………………… 73

2.5.4　实验过程与步骤 ………………………………………………… 74

2.5.5　实验记录 ………………………………………………………… 75

2.5.6　思考题 …………………………………………………………… 76

2.6　机械传动效率测定与分析…………………………………………… 77

2.6.1　实验目的 ………………………………………………………… 77

2.6.2　实验设备及工作原理 …………………………………………… 77

2.6.3　试验机主要技术参数 …………………………………………… 79

2.6.4　实验步骤 ………………………………………………………… 79

2.6.5　实验记录 ………………………………………………………… 80

2.6.6　思考题 …………………………………………………………… 80

2.7　轴系组合设计及分析………………………………………………… 81

2.7.1　实验目的 ………………………………………………………… 81

2.7.2　实验设备及工具 ………………………………………………… 81

2.7.3　实验原理 ………………………………………………………… 81

2.7.4　实验要求 ………………………………………………………… 82

2.7.5　实验数据 ………………………………………………………… 82

2.7.6　思考题 ……………………………………………………………… 82

2.7.7　轴系结构设计实验方案 ………………………………………………… 82

2.7.8　轴系结构示例 …………………………………………………………… 83

2.8　减速器装拆实验 ……………………………………………………………………… 86

2.8.1　实验目的 …………………………………………………………………… 86

2.8.2　实验设备及工具 …………………………………………………………… 86

2.8.3　实验方法和步骤 …………………………………………………………… 86

2.8.4　实验注意事项 ……………………………………………………………… 87

2.8.5　实验记录 …………………………………………………………………… 87

2.8.6　思考题 ……………………………………………………………………… 87

2.9　机械传动性能综合实验 ……………………………………………………………… 88

2.9.1　实验目的 …………………………………………………………………… 88

2.9.2　实验设备 …………………………………………………………………… 88

2.9.3　实验原理 …………………………………………………………………… 89

2.9.4　实验步骤 …………………………………………………………………… 90

2.9.5　注意事项 …………………………………………………………………… 92

2.9.6　实验记录及处理 …………………………………………………………… 92

2.9.7　思考题 ……………………………………………………………………… 92

2.10　摩擦及磨损实验 ……………………………………………………………………… 93

2.10.1　实验目的 ………………………………………………………………… 93

2.10.2　实验设备及原理 ………………………………………………………… 93

2.10.3　实验材料 ………………………………………………………………… 94

2.10.4　实验步骤 ………………………………………………………………… 94

2.10.5　注意事项 ………………………………………………………………… 95

2.10.6　实验记录 ………………………………………………………………… 95

2.10.7　思考题 …………………………………………………………………… 96

2.11　弹簧特性测定 ………………………………………………………………………… 97

2.11.1　实验目的 ………………………………………………………………… 97

2.11.2　实验设备及工具 ………………………………………………………… 97

2.11.3　实验原理和方法 ………………………………………………………… 97

2.11.4　实验步骤 ………………………………………………………………… 97

2.11.5　弹簧试验机面板及其操作说明 ………………………………………… 99

2.11.6　实验注意事项 …………………………………………………………… 99

2.11.7　实验记录 ………………………………………………………………… 100

2.11.8　思考题 …………………………………………………………………… 100

2.12　疲劳强度基础实验 …………………………………………………………………… 101

2.12.1　实验目的 ………………………………………………………………… 101

2.12.2　实验设备 ………………………………………………………………… 101

2.12.3　实验原理 ………………………………………………………………… 102

2.12.4　实验步骤 ……………………………………………………… 103

2.12.5　注意事项 ……………………………………………………… 103

2.12.6　实验记录 ……………………………………………………… 103

2.12.7　思考题 ………………………………………………………… 103

2.13　自行车拆装实验 ………………………………………………………… 104

2.13.1　实验目的 ……………………………………………………… 104

2.13.2　实验设备及拆装工具 ………………………………………… 104

2.13.3　实验内容 ……………………………………………………… 104

2.13.4　实验步骤 ……………………………………………………… 104

2.13.5　实验要求 ……………………………………………………… 106

2.13.6　思考题 ………………………………………………………… 106

2.14　慧鱼技术创新设计实验 ………………………………………………… 107

2.14.1　实验目的 ……………………………………………………… 107

2.14.2　实验设备和工具 ……………………………………………… 107

2.14.3　实验原理 ……………………………………………………… 107

2.14.4　实验准备工作 ………………………………………………… 107

2.14.5　实验方法与步骤 ……………………………………………… 107

2.14.6　慧鱼创意组合模型的说明 …………………………………… 108

2.14.7　慧鱼创意组合模型实验 ……………………………………… 110

参考文献　………………………………………………………………………… 114

第1章 机械原理实验

1.1 机构认知实验

实验项目性质：演示性　实验计划学时：1

1.1.1 实验目的

（1）初步了解"机械原理"课程所研究的各种常用机构的结构、类型、特点及应用实例。

（2）增强学生对机构与机器的感性认识。

（3）了解机器的运动原理和分析方法，使学生对机器由总体感性认识上升为理性认识。

1.1.2 实验设备

机械结构设计陈列教学柜。

1.1.3 实验方法

在陈列室向学生展示各种常用机构的模型，通过模型的动态展示，增强学生对机构与机器的感性认识。实验教师只作简单介绍，提出问题，供学生思考；学生通过观察，对常用机构的结构、类型、特点有一定的了解，对学习机械原理课程产生一定的兴趣。

1.1.4 实验内容

1. 对机器的认识

通过实物模型和机构的观察，学生可以认识到：机器是由一个机构或几个机构按照一定运动要求组合而成的。所以只要掌握各种机构的运动特性，再去研究任何机器的特性就不困难了。在机械原理中，运动副是以两构件的直接接触形式的可动连接及运动特征来命名的，如高副、低副、转动副、移动副等。

2. 平面四杆机构

平面连杆机构中结构最简单、应用最广泛的是四杆机构。四杆机构分成三大类，即铰链四杆机构、单移动副机构、双移动副机构。

（1）铰链四杆机构分为曲柄摇杆机构、双曲柄机构、双摇杆机构，即根据两连架杆为曲柄或摇杆来确定。

（2）单移动副机构是以一个移动副代替铰链四杆机构中的一个转动副演化而成的，可分为曲柄滑块机构、曲柄摇块机构、转动导杆机构及摆动导杆机构等。

（3）双移动副机构是带有两个移动副的四杆机构，把它们倒置也可得到曲柄移动导杆机构、双滑块机构及双转块机构。

3. 凸轮机构

凸轮机构常用于把主动构件的连续运动转变为从动件严格地按照预定规律的运动。只要适当设计凸轮廓线,便可以使从动件获得任意的运动规律。由于凸轮机构结构简单、紧凑,因此广泛应用于各种机械、仪器及操纵控制装置中。

凸轮机构主要由三部分组成,即凸轮(有特定的廓线)、从动件(由凸轮廓线控制着)及机架。

凸轮机构的类型较多,学生在参观这部分时应了解各种凸轮的特点和结构,找出其中的共同特点。

4. 齿轮机构

齿轮机构是现代机械中应用最广泛的一种传动机构。齿轮机构具有传动准确、可靠、运转平稳、承载能力大、体积小、效率高等优点,广泛应用于各种机器中。

1) 齿轮的分类

根据轮齿的形状,齿轮分为直齿圆柱齿轮、斜齿圆柱齿轮、圆锥齿轮及蜗轮、蜗杆。根据主、从动轮的两轴线相对位置,齿轮传动分为平行轴传动、相交轴传动、交错轴传动三大类。

(1) 平行轴传动的类型有外、内啮合直齿轮机构,斜齿圆柱齿轮机构,人字齿轮机构,齿轮齿条机构等。

(2) 相交轴传动的类型有圆锥齿轮机构,其轮齿分布在一个截锥体上,两轴线夹角常为 $90°$。

(3) 交错轴传动的类型有螺旋齿轮机构、圆柱蜗轮蜗杆机构、弧面蜗轮蜗杆机构等。

在参观这部分时,学生应注意了解各种机构的传动特点、运动状况及应用范围等。

2) 齿轮机构参数

齿轮基本参数有齿数 z、模数 m、分度圆压力角 α、齿顶高系数 h_a^*、顶隙系数 c^* 等。

参观这部分时,学生需要掌握:什么是渐开线?渐开线是如何形成的?什么是基圆和渐开线发生线?并注意观察基圆、发生线、渐开线三者之间的关系,从而得知渐开线具有什么性质。

然后观察摆线的形成,要了解什么是发生圆?什么是基圆?动点在发生圆上位置发生变化时,能得到什么样轨迹的摆线?

同时还要通过参观,总结出齿数、模数、压力角等参数变化对齿形有何影响。

5. 周转轮系

通过各种类型周转轮系的动态模型演示,学生应该了解什么是定轴轮系?什么是周转轮系?根据自由度不同,周转轮系又分为行星轮系和差动轮系。它们有什么差异和共同点?差动轮系为什么能将一个运动分解为两个运动或将两个运动合成为一个运动?

周转轮系的功用、形式很多,各种类型都有它自己的缺点和优点,在今后的应用中应如何避开缺点、发挥优点等,都是需要学生实验后认真思考和总结的问题。

6. 其他常用机构

其他常用机构有棘轮机构、摩擦式棘轮机构、槽轮机构、不完全齿轮机构、凸轮式间歇运动机构、万向节及非圆齿轮机构等。通过各种机构的动态演示,学生应了解各种机构的运动特点及应用范围。

7. 机构的串、并联

展柜中展示有实际应用的机器设备、仪器仪表的运动机构。从这里可以看出,机器都是由一个或几个机构按照一定的运动要求串、并联组合而成的。所以在学习机械原理课程中一定要掌握好各类基本机构的运动特性,才能更好地去研究任何机构(复杂机构)的特性。

1.2　机构运动简图的测绘与分析

实验项目性质：验证性　实验计划学时：2

1.2.1　实验目的

（1）学会根据各种机构实物或模型，绘制各种机构运动简图，掌握机构运动简图测绘的基本方法、步骤和注意事项。

（2）分析和计算机构自由度，进一步理解机构自由度的概念，掌握机构自由度的计算方法。

1.2.2　实验设备和工具

（1）各类典型的机械实物（如牛头刨床、插齿机、缝纫机车头等）；

（2）各类典型的机构模型（如内燃机模型、油泵模型等）；

（3）钢卷尺、钢板尺、内外卡钳、量角器（根据需要选用）；

（4）三角板、铅笔、橡皮、草稿纸（自备）。

1.2.3　实验原理和方法

1. 原理与简图符号

从运动学观点来看机构的运动仅与组成机构的构件和运动副的数目、种类以及其之间的相互位置有关，而与构件的复杂外形、断面大小、运动副的构造无关。为了简单明了地表示一个机构的运动情况，可以不考虑那些与运动无关的因素（机构外形，断面尺寸，运动副的结构），而用一些简单的线条和所规定的符号表示构件和运动副[1]（见表 1.2.1），并按一定的比例表示各运动副的相对位置，以表明机构的运动特性。

表 1.2.1　构件和运动副的符号

2. 绘制方法

在绘制机构运动简图时，必须撇开构件和运动副的具体形状和结构，而抓住构件之间的相对运动性质，从而确定各运动副的类型；然后用运动副的代表符号和简单线条给出示意图形,将机构的运动情况正确而简明地表示出来。

如图 1.2.1 所示的偏心轮机构,它由 4 个构件组成,即原动构件 1 绕固定轴心 A 连续回转带动构件 2 作复合平面运动,从而推动构件 3 沿固定导轨 4 作往复运动。由此可知,导轨 4 和构件 1、构件 1 和构件 2、构件 2 和构件 3 都作相对转动,回转中心分别在各自的转动轴心 A、B 和 C 点上,构件 3 和构件 4 作相对移动,移动轴线为 AC。然后选择纸面为机构的投影面,选定机构某一瞬时的位置,如选图 1.2.1 所示位置($\theta = 60°$),测量各回转副中心之间的距离和移动导轨的相对位置尺寸,即 L_{AB}、L_{BC}、L_{CA} 和角 θ,选取长度比例尺,从而定出各运动副的相对位置,即可画出该机构的运动简图,如图 1.2.2 所示。

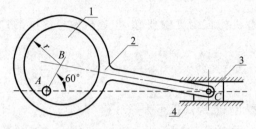
　　图 1.2.1　偏心轮机构

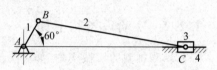
　图 1.2.2　偏心轮机构的机构运动简图

1.2.4　测绘方法与步骤

(1) 先了解测绘的机械实物或模型的名称、用途和结构,使被测绘的模型缓慢运动,找出它的机架、原动构件和活动构件数目。

(2) 仔细观察该机构的运动特点,然后从原动构件开始,沿着运动传递路线,根据各相互连接的两构件间直接接触情况(点、线或面接触),以及相对运动的性质(移动或转动等)确定各运动副的类型。

(3) 选定一个能清楚地表示机构各构件瞬时位置的平面,往往是选择机构的运动平面,作为绘制机构运动简图的投影面。

(4) 在草稿纸上徒手按规定的符号及构件的连接次序,从原动件开始,逐步画出机构运动简图的草图,并用 1、2、3、… 分别标注各构件,用 A、B、C、… 分别标注各运动副。

(5) 在模型(或实物)上,用尺子尽量精确地测量各运动副的相对位置尺寸(如回转副的中心距,移动副的位置尺寸等),把它们记录下来,并按一定的比例尺画出机构的运动简图,同时将模型的名称记下来。

(6) 用 n 表示活动构件数,P_L 表示低副,P_H 表示高副,通过自由度计算公式 $F = 3n - 2P_L - P_H$ 计算机构自由度,并验证运动简图的正确性,计算时注意机构是否存在虚约束。

1.2.5　实验要求

(1) 对指定绘制的几种机器或机构模型的机构运动简图,其中至少有一种需要按确定的比例尺绘制,其余的可凭目测,使简图与实物大致成比例。这种不按比例尺绘制的简图通常称为机构示意图。

(2) 计算机构自由度数,并将结果与实际机构自由度相对照,观察计算结果与实际是否相符。

1.2.6　思考题

（1）机构运动简图有何用途？一个正确的机构运动简图能说明哪些问题？

（2）绘制运动简图时，如选择机构不同瞬时位置，是否会影响运动简图的正确性？为什么？

（3）机构自由度的计算对测绘机构运动简图有何帮助？

（4）如何判断机构运动简图的正确与否？

1.3 连杆机构运动参数测试及分析

1.3.1 实验目的

(1) 通过机构运动参数测试,掌握机构运动参数的实验测试方法。

(2) 通过运动参数测试实验,掌握闭链机构运动的周期性变化规律,了解实际机构中非线性干扰因素对机构性能的影响。

(3) 通过利用传感器、计算机等先进的实验技术手段进行实验操作,训练掌握现代化的实验测试手段和方法,增强工程实践能力。

(4) 通过对实验结果与理论数据的比较,分析误差产生的原因,增强工程意识,树立正确的设计理念。

1.3.2 实验装置

实验装置系统框图如图 1.3.1 所示。实验室提供曲柄滑块机构、导杆滑块机构供运动参数测试,机构运动参数测试实验以上述典型运动机构作为被测对象。

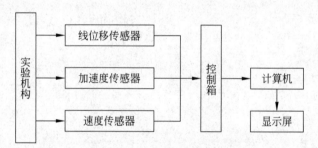

图 1.3.1 实验装置系统框图

1.3.3 实验原理

1. 曲柄滑块机构运动分析

取坐标系原点与曲柄回转中心重合,x 轴平行滑块导轨(见图 1.3.2),滑块的位移为

$$x_C = L_{AB}\cos\theta + \sqrt{L_{BC}^2 - (L_{AB}\sin\theta - e)^2}$$

求导后可得滑块的速度和加速度。

2. 导杆滑块机构运动分析

取坐标原点与导杆摆动中心重合,x 轴平行滑块导轨(见图 1.3.3)。

B 点的位移为

$$x_B = L_{AB}\cos\theta, \quad y_B = L_{AC} + L_{AB}\sin\theta$$

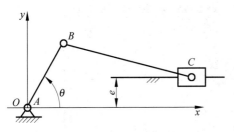
图 1.3.2 曲柄滑块机构

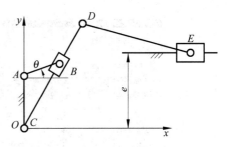
图 1.3.3 导杆滑块机构

D 点的位移为

$$x_D = x_B \frac{L_{CD}}{\sqrt{x_B^2 + y_B^2}}, \quad y_D = y_B \frac{L_{CD}}{\sqrt{x_B^2 + y_B^2}}$$

滑块的位移为

$$x_E = x_D + \sqrt{L_{DE}^2 - (y_D - e)^2}$$

1.3.4 实验准备

曲柄滑块机构：自取机构的几何尺寸，作出滑块在一个运动循环中的位移、速度、加速度曲线。思考各杆长度对运动参数变化规律的影响，设计三个以上实验方案。

导杆滑块机构：取几何尺寸 $AB=0.04$ m，$AC=0.18$ m，$CD=0.28$ m，$DE=0.3$ m，$e=0.18$ m，作出滑块在一个运动循环中的位移、速度、加速度曲线，并准备与实验结果对照。

1.3.5 实验步骤

1. 曲柄滑块机构运动参数测试[2]

（1）启动实验软件，单击"曲柄滑块机构"图标，进入曲柄导杆滑块机构运动测试、设计、仿真软件系统的界面。单击鼠标左键，进入曲柄导杆滑块机构动画演示界面。单击演示界面左下方的"曲柄滑块机构"按钮，进入曲柄滑块机构动画演示界面。

（2）在曲柄滑块机构动画演示界面左下方单击"曲柄滑块机构"按钮，进入曲柄滑块机构原始参数输入界面。在原始参数输入界面中，单击"滑块机构设计"按钮，弹出设计方法选择框。单击所选定的"设计方法一"或"设计方法二"，弹出"设计"对话框，输入相应的设计参数，待计算结果出来后，单击"确定"按钮，计算机自动将计算结果原始参数填写在参数输入界面对应的参数框内（见图 1.3.4）。

（3）按照设计类型，将实验台测试机构拆装成图 1.3.2 所示的曲柄滑块机构，并根据设计尺寸，调整测试机构中各构件的尺寸长度。

（4）启动实验台的电动机，待机构运转平稳后，测定电动机的功率，填入参数输入界面的对应参数框内。

（5）在曲柄滑块机构原始参数输入界面左下方，单击选定的实验内容（曲柄运动仿真、滑块运动仿真、机架振动仿真），进入选定的实验界面。

（6）在选定的实验内容的界面单击"仿真"按钮，动态显示机构即时位置和动态的速度、加速度曲线图（见图 1.3.5）；单击"实测"按钮，进行数据采集和传输，显示实测的速度、加速度曲线图。

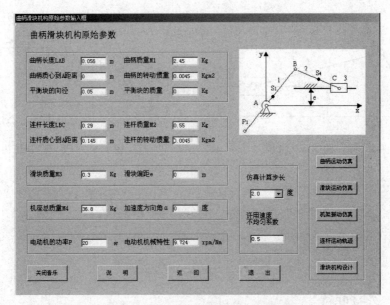

图 1.3.4　曲柄滑块机构原始参数界面

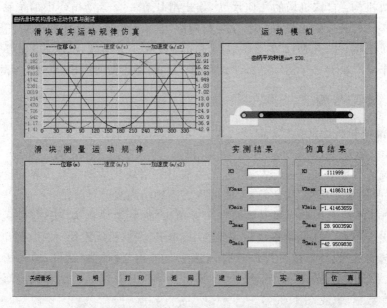

图 1.3.5　曲柄滑块机构中滑块的位移、速度、加速度曲线

（7）在选定的实验内容的界面单击"返回"按钮，返回曲柄滑块机构原始参数输入界面，修改参数，调整测试机构中各构件的尺寸长度，单击选定的实验内容，观察几何参数的变化对机构运动的影响，填入表 1.3.1 中。

2. 曲柄导杆滑块机构运动参数测试

（1）单击"曲柄滑块机构"按钮，进入曲柄导杆滑块机构运动测试、设计、仿真软件系统的界面。单击鼠标左键，进入曲柄导杆滑块机构动画演示界面。单击演示界面左下方"导杆滑块机构"按钮，进入曲柄导杆滑块机构原始参数输入界面（见图 1.3.6）。

（2）在曲柄导杆滑块机构原始参数输入界面中，将设计好的尺寸填写在相应的参数框

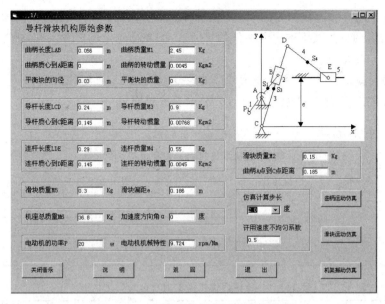

图 1.3.6　导杆滑块机构原始参数界面

内,然后按设计好的尺寸调整曲柄导杆滑块机构各构件尺寸长度。

(3) 启动实验台的电动机,待机构运转平稳后,测定电动机的功率,填入参数输入界面的对应参数框内。

(4) 在曲柄导杆滑块机构原始参数输入界面左下方,单击选定的实验内容(曲柄运动仿真、滑块运动仿真、机架振动仿真),进入选定的实验界面。

(5) 在选定的实验内容的界面单击"仿真"按钮,动态显示机构即时位置和动态的速度、加速度曲线图(见图 1.3.7);单击"实测"按钮,进行数据采集和传输,显示实测的速度、加速度曲线图。

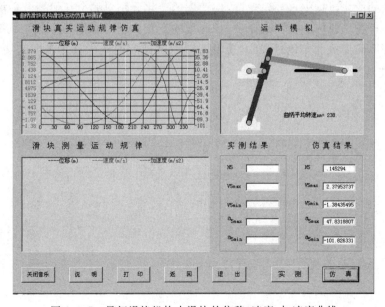

图 1.3.7　导杆滑块机构中滑块的位移、速度、加速度曲线

（6）在选定的实验内容的界面单击"返回"按钮，返回曲柄导杆滑块机构原始参数输入界面，修改参数，调整测试机构中各构件的尺寸长度，单击选定的实验内容，观察几何参数的变化对机构运动的影响。

（7）填写实验报告，用↑和↓表示参数的改变，填入表 1.3.2 中。

（8）单击"结束"按钮，结束实验，返回 Windows 界面。

1.3.6　实验记录

表 1.3.1　曲柄滑块机构参数和运动变化规律

参数	初值	参数变化	位移变化	最大速度变化	最大加速度变化	备注
L_{AB}						
L_{BC}						
e						

表 1.3.2　导杆滑块机构参数和运动变化规律

参数	初值	参数变化	位移变化	最大速度变化	最大加速度变化	备注
L_{AD}						
L_{CD}						
L_{AC}						
L_{DE}						
e						

1.3.7　思考题

（1）在曲柄滑块机构中，位移、速度、加速度的变化分别对哪个几何参数最敏感？

（2）在导杆滑块机构中，位移、速度、加速度的变化分别对哪个几何参数最敏感？

（3）说明几何参数的变化过程中，位移、速度、加速度曲线的基本形状有无发生根本性的变化？为什么？

1.4　齿轮的范成实验

1.4.1　实验目的

(1) 掌握用范成法切削加工渐开线齿轮齿廓的基本原理。
(2) 了解渐开线齿轮产生根切现象的原因和避免根切的方法。
(3) 分析和比较标准齿轮和变位齿轮的异同点。

1.4.2　实验设备和工具

(1) 齿轮范成仪；
(2) 圆规、三角尺、绘图纸、剪刀、铅笔(学生自备)。

1.4.3　实验原理和方法

　　范成法是利用一对齿轮互相啮合时共轭齿廓互为包络线的原理来加工轮齿的一种方法。加工时，其中的一轮为刀具，另一轮为轮坯，二者对滚时，好像一对齿轮互相啮合传动一样；同时刀具还沿轮坯的轴向作切削运动，最后在轮坯上被加工出来的齿廓就是刀具刀刃在各个位置的包络线。为了逐步地再现上述加工过程中刀刃在相对轮坯每个位置形成包络线的详细过程，通常采用范成仪来实现。在实验时，用圆形的图纸做"轮坯"，在不考虑切削和让刀运动的情况下，使仪器中的"齿条刀具"与"轮坯"对滚，刀刃在图纸上所印出的各个位置的包络线，就是被加工齿轮的齿廓曲线。

　　现就实验室使用的齿条与齿轮传动的范成仪(见图 1.4.1)说明其工作基本原理。转动盘 1 能绕固定于机架 4 上的轴心 O 转动。在转动盘内侧固联有一个小模数的齿轮，它与拖板 5 上的小齿条 3 相啮合。通过调节螺钉 6，把模数较大的齿条刀具 2 装在拖板上。范成实验时，移动拖板，通过小齿条和齿轮的传动，能使转动盘作回转运动，而固定于转动盘上的

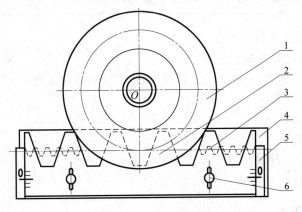

图 1.4.1　齿轮范成仪
1—转动盘；2—齿条刀具；3—小齿条；4—机架；5—拖板；6—调节螺钉

轮坯(圆形图纸)也跟着转动。这与被加工齿轮相对于齿条刀具运动相同。

松开调节螺钉6,可以使"刀具"相对于拖板垂直移动,从而调节"刀具"中线至"轮坯"中心的距离,以便范成出标准齿轮或正负变位齿轮。在拖板与"刀具"两端都有刻度线,以便在"加工"齿轮时调节其变位量。

1.4.4　实验前准备

学生准备实验时,应根据已知的齿条刀具参数和被加工齿轮的分度圆直径,计算被加工齿轮的齿数、最小变位系数;参考最小变位系数,选定范成实验用的正变位系数(本范成仪要求一般不超过0.7),然后计算变位量,计算标准齿轮的基圆、齿顶圆与齿根圆直径以及变位齿轮顶圆和齿根圆直径(见表1.4.1)。根据计算数据,将上述6个圆画在同一张具有一定厚度的绘图纸上,并用剪刀沿比最大圆直径大5 mm的圆周剪成圆形纸片,作为本实验用的"轮坯"。根据所在班级的座号安排,座号为1~20号的同学在"轮坯"中心剪掉一个$\phi6$ mm的安装孔,座号为21号之后的同学在"轮坯"中心剪掉一个$\phi35$ mm的安装孔(安装孔一定要按照座号规定剪,千万别剪错),在"轮坯"上标出各个圆的名称及数值。

表1.4.1　齿轮几何参数计算

名　称	符号	计　算　公　式	计 算 结 果	
			标准齿轮	正变位齿轮
齿数	z	$z = \dfrac{2r}{m}$		
最小变位系数	x_{min}	$x_{min} = h_a^* \dfrac{z_{min} - z}{z_{min}}$		
变位系数	x	(根据计算出的最小变位系数自选)		
基圆半径	r_b	$r_b = r\cos\alpha$		
齿顶圆半径	r_a	$r_a = r + h_a^* m + xm$		
齿根圆半径	r_f	$r_f = r - (h_a^* + c^*)m + xm$		

实验室使用范成仪参数如下。

(1) 齿条插刀的已知参数:

模数$m = 20$ mm;压力角$\alpha = 20°$;齿顶高系数$h_a^* = 1$;顶隙系数$c^* = 0.25$。

(2) 被加工齿轮参数:

分度圆半径$r = 80$ mm。

(3) 范成仪"轮坯"安装孔尺寸:

1~20号范成仪为$\phi6$ mm;

21~50号范成仪为$\phi35$ mm。

1.4.5　实验步骤

(1) 根据"轮坯"安装孔的不同,听从老师指引领取相应的范成仪。

(2) 把"轮坯"安装到仪器的转动盘上,注意必须对准中心。

(3) 调节"刀具"中线,使其与被加工齿轮分度圆相切,此时"刀具"处于切制标准齿轮时的安装位置。

(4) "切制"齿廓时,先把"刀具"移向一端,使"刀具"的齿廓退出"轮坯"中标准齿轮的齿顶圆;然后用手移动拖板,每次使"刀具"向另一端移动 2~3 mm 距离时,用铅笔描下刀刃在"轮坯"上的位置,直到形成 2~3 个完整的轮齿齿廓为止。此时应注意观察"轮坯"上的齿廓形成过程。

(5) 按已选定的正变量,再次调整"刀具"中线至"轮坯"中心的距离,用同样的方法可以"加工"出正、负变位齿轮的齿廓。

范成齿廓的毛坯图样如图 1.4.2 所示。

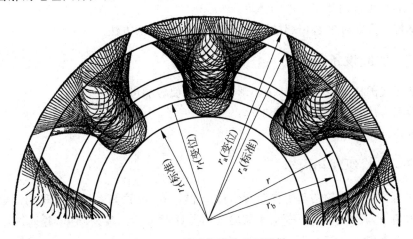

图 1.4.2 范成齿廓的毛坯图样

1.4.6 思考题

(1) 记录得到的标准齿轮齿廓和正变位齿轮齿廓的形状是否相同? 为什么?

(2) 实验中所观察到的根切现象发生在基圆之内还是在基圆之外? 分析是由什么原因引起的? 如何避免根切?

(3) 用同一齿条刀具加工的标准齿轮和正变位齿轮的尺寸参数 m、a、r、r_b、h_a、h_f、h、p、s、e 中哪些变了? 哪些没有变化? 为什么?

(4) 如果是负变位齿轮,那么齿廓形状和主要尺寸参数又会发生哪些变化?

1.5　齿轮参数测量实验

实验项目性质：验证性　实验计划学时：2

1.5.1　实验目的

（1）初步掌握用游标卡尺等工具测量渐开线齿轮基本参数的方法。

（2）综合应用机制工艺、技术测量等学科知识以巩固所学的渐开线性质及齿轮基本参数和几何尺寸之间的关系。

（3）巩固齿轮传动几何尺寸的计算。

（4）掌握渐开线标准直齿圆柱齿轮与变位齿轮的判别方法。

1.5.2　实验设备和工具

（1）渐开线圆柱齿轮 3 个（其中必须有奇数和偶数的齿轮各 1 个）；

（2）游标卡尺及齿厚尺等测量工具；

（3）自备计算工具、草稿纸等。

1.5.3　实验原理和内容

渐开线直齿圆柱齿轮的基本参数有齿数 z、模数 m、齿顶高系数 h_a^*、径向间隙系数 c^*、分度圆压力角 α 和变位系数 x 等。本实验是用游标卡尺等工具来测量，并通过计算来确定齿轮这些基本参数。

（1）直接数得一对待测齿轮的齿数 z_1 和 z_2。

（2）测量一对齿轮的齿顶圆直径 d_{a1} 和 d_{a2} 及齿根圆直径 d_{f1} 和 d_{f2}。

当齿数为偶数时，可用卡尺的卡脚卡对称齿的齿顶及齿根直接测得（见图 1.5.1）。当齿数为奇数时，用上述方法不能直接测量到齿顶圆直径 d_a 和齿根圆直径 d_f，只能用间接测量法求得 d_a 和 d_f（见图 1.5.2）。先量出定位轴孔直径 D、孔壁到齿根的距离 H_2、另一侧孔壁到齿顶的距离 H_1 的尺寸，则 d_a 和 d_f 可用下式求出：

$$d_a = D + 2H_1, \quad d_f = D + 2H_2$$

（3）测量公法线长度 W_K 以确定模数 m、压力角 α 及基圆齿厚 S_b。

公法线的测量方法（见图 1.5.3）如下：用游标卡尺的量足跨过齿轮的 K 个齿，测得齿

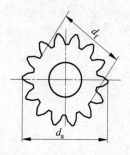
图 1.5.1　偶数齿的测量

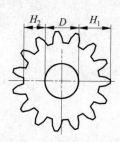
图 1.5.2　奇数齿的测量

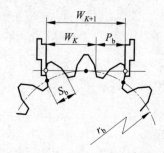
图 1.5.3　公法线长度测量

廓间公法线长度 W_K,然后再跨 $K+1$ 个齿,测得齿廓间公法线长度 W_{K+1}。为了保证卡尺的两个量足与齿廓的渐开线部分相切,卡尺的两量足所跨的齿数 K 应根据被测齿轮的齿数 z 参照表 1.5.1 选取。

表 1.5.1　跨测齿数

齿数 z	12~18	19~27	28~36	37~45	46~54	55~63	64~72	73~81
跨齿数 K	2	3	4	5	6	7	8	9

由渐开线的性质可知,齿轮齿廓的公法线长度与其对应的基圆上的圆弧长度相等,因此有

$$W_K = (K-1)P_b + S_b, \quad W_{K+1} = KP_b + S_b$$

由此可得

$$P_b = W_{K+1} - W_K, \quad S_b = W_{K+1} - KP_b$$

一对相啮合齿轮的基圆齿距是相等的,所以经测量求得的 P_{b1} 和 P_{b2} 应近似相等。

由求得的 P_b 可算出模数

$$m = \frac{P_b}{\pi \cos \alpha}$$

压力角 α 的标准值一般为 20°或 15°(不常用),分别将这两个值代入上式,计算出与标准值相接近的一组模数和压力角,即为所求的值。模数的标准值见表 1.5.2,一对相啮合的齿轮的模数、压力角相等。

表 1.5.2　标准模数系列(GB/T 1357—2008)

第一系列	0.1,0.12,0.15,0.2,0.25,0.3,0.4,0.5,0.6,0.8,1,1.25,1.5,2,2.5,3,4,5,6,8,10,12,16,20,25,32,40,50
第二系列	0.35,0.7,0.9,1.75,2.25,2.75,(3.25),3.5,(3.75),4.5,5.5,(6.5),7,9,(11),14,18,22,28,(30),36,45

注:优先选用第一系列,其次是第二系列,括号内的模数尽可能不用。

(4) 求分度圆直径 d 和基圆直径 d_b。

$$d = mz, \quad d_b = d\cos \alpha$$

(5) 求齿顶高 h_a 和齿根高 h_f。

$$h_a = \frac{d_a - d}{2}, \quad h_f = \frac{d - d_f}{2}$$

如果测得的 h_a、h_f 与 $h_a^* m$、$(h_a^* + c^*)m$ 的值非常接近,可以认为所测齿轮为标准齿轮,以下(6)、(7)、(9)内容则不再进行,直接进行第(8)项,测量计算中心距。

(6) 求分度圆齿厚 S。由公式

$$S_b = \frac{Sr_b}{r} - 2r_b(\text{inv}\alpha_b - \text{inv}\alpha) = S\cos \alpha + 2r_b\text{inv}\alpha$$

可得

$$S = S_b/\cos \alpha - 2r\text{inv}\alpha \quad (式中 S_b 已测出,2r = mz)$$

(7) 确定变位系数 x。变位后,分度圆齿厚 $S=m\left(\dfrac{\pi}{2}+2x\tan\alpha\right)$,故

$$x=\frac{S/m-\pi/2}{2\tan\alpha}$$

(8) 求无侧隙传动的齿轮中心距。用间接测量法测出实际中心距 $A=(A_1+A_2)/2$(方法见图 1.5.4)。

由无侧隙啮合方程 $\mathrm{inv}\alpha'=\mathrm{inv}\alpha+\dfrac{2(x_1+x_2)}{z_1+z_2}\cdot\tan\alpha$,求出 α'。

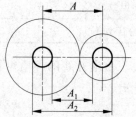

标准齿轮传动计算中心距 $a=\dfrac{m}{2}(z_1+z_2)$。

变位齿轮传动计算中心距 $a'=\dfrac{m}{2}(z_1+z_2)\cdot\dfrac{\cos\alpha}{\cos\alpha'}$。

图 1.5.4　中心距的测量

(9) 确定齿顶高系数 h_a^* 和径向间隙系数 c^*。

因为

$$h_\mathrm{f}=m(h_a^*+c^*-x)=\frac{mz-d_\mathrm{f}}{2}$$

则

$$h_a^*+c^*=x+\frac{mz-d_\mathrm{f}}{2m}$$

将所测得的结果和两组标准值($h_a^*=1,c^*=0.25$ 和 $h_a^*=0.8,c^*=0.3$)代入上式,比较符合等式的一组值即为所求的值。

1.5.4　实验要求

为了消除零件的固有误差和测量误差,每个尺寸应测量 3 次(数据记入实验报告),取其算术平均值作为测量数据,计算出齿轮各参数,见表 1.5.3。

表 1.5.3　齿轮参数

参　数	公　式	齿轮编号		
		1	2	3
齿数 z				
跨齿数 K	$K=\dfrac{\alpha z}{180°}+0.5$			
K 齿公法线长度 W_K				
$K+1$ 齿公法线长度 W_{K+1}				
基圆齿距 P_b	$P_\mathrm{b}=W_{K+1}-W_K$			
模数 m	$m=\dfrac{P_\mathrm{b}}{\pi\cos\alpha}$			
压力角 α	$20°$			
基圆齿厚 S_b	$S_\mathrm{b}=W_{K+1}-KP_\mathrm{b}$			

参　　数	公　　式	齿 轮 编 号		
		1	2	3
分度圆直径 d	$d = mz$			
齿顶圆直径 d_a	$d_a = d + 2h_a^* m$			
齿根圆直径 d_f	$d_f = d - 2(h_a^* m + c^*)m$			
是否变位	$x >$ 或 $=$ 或 < 0			

1.5.5　实验记录

自行编写实验报告,计算出所测齿轮的基本参数。说明你所测量的齿轮属于哪种传动类型。

1.5.6　思考题

(1) 决定渐开线齿轮轮齿齿廓形状的参数有哪些?

(2) 测量渐开线齿轮公法线长度是根据渐开线的什么性质?

(3) 通过测量齿轮的公法线长度可间接得到齿轮的哪些几何尺寸和基本参数?

(4) 在测量渐开线直齿圆柱齿轮的齿根圆和齿顶圆时,齿数为奇数和偶数时有何不同?

1.6 凸轮廓线检测实验

实验项目性质：验证性 实验计划学时：2

1.6.1 实验目的

(1) 掌握凸轮廓线检测的原理和方法。
(2) 巩固和加深凸轮基本理论。
(3) 比较不同形式从动杆对位移的影响。
(4) 比较偏距及滚子半径对位移的影响。

1.6.2 实验设备及工具

(1) 凸轮轮廓线检测实验仪；
(2) 0~30 mm 的百分表；
(3) 被检测的凸轮试件以及尖顶、滚子和平底从动杆；
(4) 自备记录纸和常用文具。

1.6.3 实验原理和方法

凸轮轮廓线的检测方法一般分为两类：一是检测出凸轮廓线的极坐标；二是检测出凸轮廓线所决定的从动杆位移曲线图。图 1.6.1 是凸轮廓线检测仪简图[3]，可测出直动从动杆盘状凸轮机构的位移。

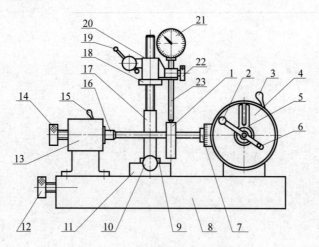

图 1.6.1 凸轮廓线检测仪简图

1—凸轮；2—分度手柄；3—固紧手柄；4—分度头；5—定位仪；6—定位销；7—分度头主轴；

8—底座；9—横移座盖；10—横向丝杠；11—横移座；12—纵向丝杠；13—主轴座；

14—丝杠；15,19—手柄；16—顶针；17—支架；18—螺母；20—升降螺母；

21—百分表；22—锁紧手轮；23—从动杆

1．检测仪组成

凸轮廓线检测仪由机械分度头、大量程百分表、横移座、纵移座和工作台等主要部分组成,如图 1.6.1 所示。

被测凸轮由 FW-100 机械分度头带动下转动并读取角度。分度头定数为 40,分度手柄转数 $n＝40/z$,z 为工件所需的等分数。如利用分度盘上 54 孔的孔盘,分度手柄转过一个孔(相当于 $n＝1/54$)则工件的等分数 $z＝40×54＝2160$,即转过 $10°$。

百分表用来指示凸轮极径或从动杆位移,量程为 30 mm,刻度值为 0.01 mm。百分表测杆的端部有平底、尖顶、小滚子 $\phi20$ mm、大滚子 $\phi30$ mm 等不同形式的结构。

横向丝杠能调整横移座的位置,改变导路位置,以适应对心和偏心凸轮机构,调整范围为 $±20$ mm。其余丝杠分别调整百分表架高度,以适应不同尺寸(径向,轴向)凸轮的检测。

2．检测原理

凸轮廓线检测原理一般分为两类:一是检测凸轮廓线极坐标;二是检测出凸轮廓线所决定的从动杆位移曲线。

检测凸轮廓线极坐标图的原理是:无论什么形式从动杆的盘状齿轮,一律按对心尖顶直动从动杆盘状齿轮机构原理进行。通常把极轴取在齿轮廓线上开始有位移点的极径处,用分度头带动凸轮转动并指示极角,用大量程百分表指示极径的变化,再利用已知直径的检测棒、心轴或块规就可得出凸轮廓线的极径值。

检测凸轮机构的位移曲线比较复杂,因为从动件的位移不仅取决于凸轮实际廓线,还与偏心距、从动件结构形状、滚子半径大小有关,只有对心尖顶直动从动件盘状凸轮机构的位移变化量与廓线极径变化量相等、凸轮转角与廓线转角相等、检测位移曲线与检测极坐标图一样,其他形式的凸轮机构,从动杆位移与凸轮廓线极径、凸轮转角和廓线极角、检测位移曲线与检测极坐标图等完全不同。上述这些就是凸轮廓线检测基本原理。

3．实验内容

(1) 用小滚子测头按对心直动从动杆盘状凸轮机构原理测从动件位移。

(2) 用尖顶测头按对心直动从动杆盘状凸轮机构原理测凸轮极坐标图。

(3) 用小滚子测头按偏置直动从动杆盘状凸轮机构原理测从动杆位移,偏距 $e＝5$ mm。

(4) 用大滚子测头按对心直动从动杆盘状凸轮机构原理测从动杆位移。

(5) 用平底测头按对心直动从动杆盘状凸轮机构原理测从动杆位移。

为了计算和绘图方便,测头(从动杆)在起始位置时百分表读数置零。从动杆起始位置是测头与凸轮实际基圆段端点接触时的位置,此时从动杆处于最低位置。将测头对心安装,借助尺寸已知的标准圆盘、心轴或块规可以测得极径及基圆半径的尺寸。

1.6.4　实验步骤

(1) 松开手柄 15,转动丝杠 14,使顶针 16 伸缩,将被检测凸轮 1 安装在分度头主轴 7 与顶针 16 上,然后进行校正,使凸轮轴线与分度头主轴线重合。

(2) 将百分表 21 装夹在支架 17 的升降螺母 20 的侧孔内,锁紧手轮 22。然后转动纵向丝杠 12,使支架 17 左右移动,从而使从动杆 23(即百分表测量杆)移动到凸轮的正上方,松开手柄 19,慢慢转动螺母 18,使从动杆 23 接触凸轮廓面,并锁紧手柄 19。然后再转动横向丝杠 10,使支架 17 前后移动,按实验要求调节从动杆 23 的偏距 e(其数值可从横向座左侧面的标尺上读出),并调整好从动杆与凸轮的相对位置。

(3) 松开分度头的固紧手柄 3,拉起定位销 6,慢慢正反转动分度手柄 2,使凸轮 1 随分度头主轴 7 转动。找正测量凸轮廓线的升程开始位置(凸轮上有标记),插下定位销 6,转动百分表 21 的刻度盘使其指针置于 0,并对应记录凸轮转角 $\phi = 0°$,从动杆位移 $S = 0$。

(4) 凸轮的分度采用简单分度法,分度头 4 内的蜗轮蜗杆传动比为 1:40,设凸轮所需的等分数为 z,如果利用分度盘上的 54 孔圈来分度,则可以计算出凸轮每转过 10°(即 36 等分)时手柄 2 所转过的孔数为 60 孔(一圈加 6 个孔)。具体做法是:由定位销 6 开始,逆时针数 60 个孔,并将定位仪 5 拨到第 60 个孔,然后拉起定位销 6,逆时针方向转动分度手柄 2,定位销 6 随同转动插入第 60 个孔中,然后从百分表 21 读出从动杆的位移量(百分表每小格刻度值为 0.01 mm)。并对应记录 ϕ 与 S 值。如此重复,直到凸轮转回到起始位置,就可测得 36 对 ϕ 与 S 的对应值。

(5) 根据实验内容(1)~(5),重复实验步骤(1)~(4),则先后测得其余三组凸轮机构的 ϕ 与 S 值,并将实验数据填入表 1.6.1 中。

表 1.6.1　凸轮检测测量数据

$\phi/(°)$	S/mm				
	从动件位移(小滚子,对心)	从动件位移(尖顶,对心)	从动件位移(小滚子,偏置)	从动件位移(大滚子,对心)	从动件位移(平底,对心)
0					
10					
20					
30					
40					
50					
60					
70					
80					
90					
100					
110					
120					
130					
140					

续表

$\phi/(°)$	S/mm				
	从动件位移 （小滚子,对心）	从动件位移 （尖顶,对心）	从动件位移 （小滚子,偏置）	从动件位移 （大滚子,对心）	从动件位移 （平底,对心）
150					
160					
170					
180					
190					
200					
210					
220					
230					
240					
250					
260					
270					
280					
290					
300					
310					
320					
330					
340					
350					
360					

1.6.5　实验结果

（1）凸轮试件原始数据包括凸轮转向、理论基圆半径、大滚子半径、小滚子半径、升程、推程运动角、远休止角、回程运动角、近休止角和偏心距。

（2）记录测量数据。

（3）根据实验数据，画出从动杆的位移图，如图 1.6.2 所示。

图 1.6.2　从动杆的位移图

（4）画出凸轮实际轮廓线的极坐标图（凸轮基圆半径 $r_b = 35$ mm），如图 1.6.3 所示。

图 1.6.3　凸轮实际轮廓线的极坐标图

1.6.6　思考题

（1）同一凸轮和滚子，对心和偏心从动杆的位移是否相同？为什么？

（2）同一凸轮，不同滚子半径的从动杆位移是否相同？为什么？

（3）同一凸轮，当从动杆端部形式不同时，其从动杆位移是否相同？为什么？

（4）测凸轮极坐标图和测位移有什么不同？

（5）摆动从动杆盘状凸轮的极坐标图如何检测？

1.7　计算机控制硬支承动平衡机测试

实验项目性质：演示性　实验计划学时：1

1.7.1　实验目的

学习动平衡机的机械系统结构、电气测控系统以及动平衡机的工作原理。通过实验了解刚性转子动平衡的原理和方法，掌握平衡机的使用方法。

1.7.2　实验内容和要求

(1) 学习动平衡振动测试的方法，了解刚性回转体动平衡的基本原理。

(2) 了解硬支承动平衡机的工作原理和特点，掌握设备的测试功能与操作流程。

(3) 掌握刚性转子动平衡的操作过程。

1.7.3　实验设备及工具

(1) CYYW-16TNB 型计算机显示控制硬支承动平衡机；

(2) 45 钢转子；

(3) 游标卡尺、直尺、卷尺。

1.7.4　动平衡机结构和工作原理

随着各种旋转机器速度和精度要求的不断提高，降低机器振动和噪声问题已是提高机器性能的重要内容。旋转机器(如电机、空调器、汽车、涡轮机等)旋转部件的振动，直接影响到机器的效率、机器的运行寿命和环境。转子的动不平衡是旋转机械产生振动的主要原因之一，为了有效地降低机器的振动和噪声问题，对旋转部件(以下简称为转子)进行动平衡是必不可少的技术工艺。

计算机控制硬支承动平衡机可以同时测量左右校正平面的不平衡质量和相位，并且采用计算机显示屏上的虚拟矢量表和虚拟数字表显示其测量结果。

1. 主要结构

动平衡机由机座、左右支承架、平皮带传动装置、光电检测器支架、传感器、计算机检测系统等部件组成。图 1.7.1 为动平衡机外形示意图。

左右支承架是设备的重要部件，中间装有压电传感器，此传感器在出厂前已严格调整好，用户不可自行打开或转动有关螺丝。只需松开支承架下面与机座连接的两个紧固螺钉，把左右支承架移到适当位置后再拧紧即可左右移动。支承架下面有一导向键，保证两支架在移动后能互相平行，支架中部有升降调节螺丝，可调节工件的左右高度，使之达到水平。外侧有限位支架，可防止工件在旋转时向左右窜动。

工件的平衡转速选择必须根据转子的外径及质量，并考虑电机拖动功率及摆架动态承载能力。采用变频器对电动机调频变速，如果转子在平衡机上的支承情况与在工作运转时的支承情况相差不大，则转子的平衡转速一般为工作转速的 20% 即可，且转子质量应选择

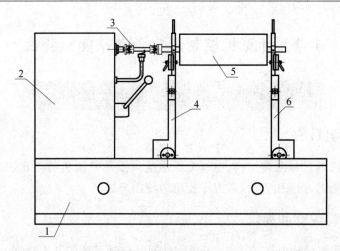

图 1.7.1　动平衡机外形示意图

1—机座；2—主轴箱；3—万向联轴节；4—左支承架；5—工件；6—右支承架

在平衡机的最大工件质量范围的 1/3 左右时,精度最佳。

2. 工作原理

　　动平衡机的工作原理如图 1.7.2 所示。工件转子 7 放在两弹性支承上,由变频器 1 设定电动机 2 的转速。通过带传动 3 驱动双万向联轴节 4 带动工件转子旋转。实验时,转子上的偏心质量所产生的惯性力使弹性支承产生振动,而机械振动的频率通过左压电传感器 8 和右压电传感器 9 转变为模拟电信号,分别被传送到解算电路 10 中(包括相角调节、积分放大器、移相电路、移相放大、整形放大器等)。放大后的电信号转变为脉冲信号,通过对信号的处理,消除两平衡基面之间的相互影响。再将两通道的脉冲信号输入到 A/D(模/数)转换电路 12 中。而 A/D 转换电路的另一端接收的是基准信号。基准信号来自光电头 6 和整形放大器 11,它的相位与转子上的标记 5 相对应,即以与转子转速相同的频率变化。经选频放大后,A/D 转换电路将全部的模拟量信号转换为数字量信号并输入到微机控制系统 13 中进行处理。

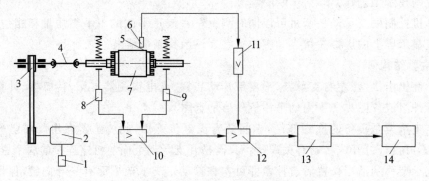

图 1.7.2　动平衡机的工作原理

1—变频器；2—电动机；3—带传动；4—万向联轴节；5—标记；6—光电头；7—工件转子；

8—左压电传感器；9—右压电传感器；10—解算电路；11—整形放大器；

12—A/D 转换电路；13—微机控制系统；14—监视器

　　经监视器 14 中的控制软件的调试界面,显示出左、右校正平面上的(配重块的质量)和左、右矢量图的偏心质心的相位,即质径积。确定出两个平衡基面中应加平衡块质量的大小、方位。

当试件在 V 形滚珠轴承支承块上高速旋转时,由于试件存在偏重,产生离心力,V 形滚珠轴承支承块的水平方向受到该离心力的周期作用,通过支承块传递到支承架上,支承架的立柱发生周期性摆动,使安装在摆架上的传感器产生按余弦规律变化的电动势信号,其频率为试件的旋转频率。计算机测量系统对此电动势信号进行采集处理,该系统由阻抗隔离器、选频放大器、放大整流滤波器、锁相脉冲发生器、相位处理器、光电检测电路和直流稳压电源等构成。设备采用自动控制方式,当测量得到精确的测量结果时,能自动停止测量并记忆测量结果。

1.7.5 实验方法、步骤及结构测试

(1) 打开计算机主机的电源开关,POWER 指示灯点亮,仪器预热 5~10 min。

(2) 计算机启动后,自动打开动平衡机测试系统程序,如图 1.7.3 所示。

(3) 鼠标指向界面左下角主菜单按键,调出主菜单(见图 1.7.4),选择"调试"进入调试界面。

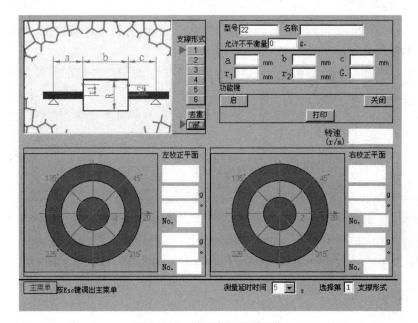

图 1.7.3 动平衡机测试系统

图 1.7.4 主菜单

(4) 鼠标指向参数设置,指向支撑形式窗口,选择支撑形式"1",选择"加重",如图 1.7.5 所示。

(5) 用游标卡尺量取工件尺寸 a,b,c,r_1,r_2,将实测值输入对应的窗口,如图 1.7.5 所示。

(6) G 为工件左右测量面等分数,取值"8",允许不平衡值根据实验要求填入,如图 1.7.5 所示。

(7) 单击"启"按钮,如图 1.7.5 所示。

目前不平衡
值及位置

上一次不平衡情况

图 1.7.5　测试设置及窗口介绍

（8）按机柜门上的"启动"按钮，机器运行几秒后会自动停止，同时锁定各项数据，此时显示为红色的各项数据就是测量的所需数据。

（9）如果工件左面或右面不平衡数值小于所定的允许不平衡量时，左、右校正平面会显示"OK"，表示平衡已达到要求。如果工件左面或右面数值大于所定的允许不平衡量时，左面或右面会显示"NG"。若未平衡则记录不平衡情况，并根据目前不平衡值及位置在相应位置添加活动泥块。

（10）重新按机柜门上的"启动"按钮，机器运行几秒后会自动停止，同时锁定各项数据，此时红色的数据显示目前不平衡值及位置，紫色的数据显示上一次不平衡情况。

（11）重复操作步骤(9)、(10)，直到左、右校正平面显示"OK"为止。

（12）单击"关闭"按钮，修改允许不平衡量，然后通过主菜单选择"测量"按钮，单击"启"按钮，按机柜门上的"启动"按钮，进行另外一组数据的测量。

（13）当工作完毕，单击"关闭"按钮，回收活动泥块并放回原处。

1.7.6　故障排除

（1）不能启动：检查电源是否接通，保险丝是否完好，开关是否处于接通位置。

（2）使用过程中死机：在使用过程中如果操作不当，可能会造成死机，这时须重新启动计算机。

（3）不能正常测量：检查传感器、光电头连线是否接好，光电头是否摆在正确位置。正常情况下，光电头应该离开工件约 5 mm，且光电头指示灯在工件转动一整圈时，只会亮、灭各一次，不然可用小螺丝刀调整光电头的灵敏度。

（4）测量角度不准确：检查光电头是否曾经移动过。

（5）键盘失灵：检查键盘插头是否松脱或松动；如将主机前门内的 KB-LK 按键(键盘锁)按下，KB-LK 灯亮，键盘也不能使用。

1.7.7 实验记录

实验数据记录(测试 1～3 组不平衡量数据,每组取 3 个值,最后一组值为平衡值)见表 1.7.1。

$a=$ _____; $b=$ _____; $c=$ _____; $r_1=$ _____; $r_2=$ _____; $N=$ _____r/m

表 1.7.1 实验数据记录

允许不平衡量/g	操作序号	左校正平面		右校正平面	
		不平衡量/g	不平衡相位/(°)	不平衡量/g	不平衡相位/(°)
	1				
	2				
	3				
	1				
	2				
	3				
	1				
	2				
	3				

1.7.8 思考题

(1) 所测数据不平衡量满足哪种精度等级?(根据允许不平衡量直接计算)
(2) 刚性回转构件不平衡有什么危害?
(3) 静平衡与动平衡有什么区别?刚性转子经过静平衡后,是否满足动平衡要求?
(4) 机器工作时产生振动和噪声的原因是什么?

附录:各种典型刚性转子平衡精度等级(见表 1.7.2)和平衡精度计算公式。

表 1.7.2 典型刚性转子平衡精度等级

精度等级	$G/(mm/s)$	转子类型举例
G0.4	0.4	精密磨床的主轴,陀螺仪,磨轮及精密电机转子
G1	1	磁带录音机及电唱机驱动件,磨床驱动件,特殊要求的小型电驱
G2.5	2.5	燃气和蒸汽涡轮,主涡轮,小电机转子(玩具车),透平压气机,机床驱动件,特殊要求的大中型电机转子,涡轮泵,小型电机转子
G6.3	6.3	工厂的机器零件,海轮的齿轮,离心机的鼓轮,水轮泵,风扇,飞轮,泵的叶轮,普通的电机转子
G16	16	特殊要求的驱动轴、螺旋桨,粉碎机的零件,农业机械的零件,汽车、货车、发动机的单个零件,特殊要求的六缸、多缸发动机的曲轴驱动件
G40	40	车轮,轮箍,四冲程汽、柴油机的曲轴驱动件,汽车、货车和机车发动机的曲轴驱动件

平衡精度计算公式为

$$\omega = 2\pi N/60 \text{ (rad/s)}$$

$$e_0 = mR/M, \quad G = e_0\omega = \frac{mR}{M} \cdot \frac{2\pi N}{60}$$

式中：G——允许不平衡精度等级，mm/s；

　　　e_0——最大允许不平衡量，mm；

　　　N——工件的工作转速，r/min；

　　　m——配重质量，g；

　　　R——配重半径，mm；

　　　M——工件质量，g。

例：已知 $G=6.3$，$M=2$ kg，$R=100$ mm，$N=1500$ r/min，求配重质量 m。

解：

$$\omega = \frac{2\pi N}{60} = \frac{6.28 \times 1500}{60} = 157 \text{ (rad/s)}$$

$$e_0 = \frac{G}{\omega} = \frac{6.3}{157} = 0.04 \text{ (mm)} = 40 \text{ (}\mu\text{m)}$$

$$m = \frac{e_0 M}{R} = \frac{0.04 \times 2000}{100} = 0.8 \text{ (g)}$$

1.8 机构运动方案创新设计实验

实验项目性质：设计性　实验计划学时：4

1.8.1 实验目的

（1）加强学生对机构组成原理的认识，进一步了解机构组成及其运动特性，为机构创新设计奠定良好的基础。

（2）增强学生对机构的感性认识，培养学生的工程实践及动手能力，体会设计实际机构时应注意的事项，完成从运动简图设计到实际结构设计的过渡。

（3）培养学生创新意识及综合设计的能力。

1.8.2 实验内容

在后面的题目中任选一题或者自定题目，设计或选择一个机构运动方案，根据机构运动简图初步拟定机构运动学尺寸，进行机构杆组的拆分；使用"机构运动创新设计实验台"进行机构拼接设计实验，并动态演示机构的运动情况和传动性能；通过调整布局、连接方式及尺寸来验证和改进设计，最终确定切实可行、性能较优的机构运动方案和参数。

在完成上述基本实验要求的基础上，利用不同的杆组进行机构创新实验（譬如机构替换或者组合创新）。

1.8.3 实验要求

（1）认真预习《HM型机构系统创新组合模型使用说明书》和本实验指导书，掌握实验原理，了解机构创新模型和各构件的搭接方法。

（2）熟悉给定的设计题目及机构系统运动方案，或者设计其他方案（亦可自己选择设计题目，初步拟定机构系统运动方案）。

（3）实验中注意各个组员之间的分工合作，不可完全由一人完成，每一个组员都要积极投入到讨论和实验当中来，这样才能真正得到提高。

（4）不再使用的工具和零件要及时放回原处，不可随意堆放，以免造成分拣困难甚至丢失。

（5）实验完毕，经过指导教师检查并拍照后，自行拆除搭接机构，同时将所有零件物归原处。

1.8.4 实验设备及工具

（1）机构运动创新设计实验台一套（见图1.8.1）；

（2）工具箱一套；

（3）自备三角板、圆规和草稿纸等。

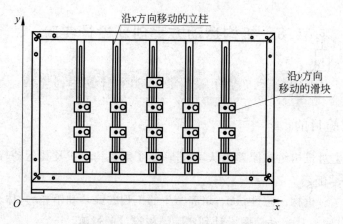

图 1.8.1 机构运动创新设计实验台

1.8.5 实验方法与步骤

1. 预习实验

掌握实验原理,初步了解机构创新模型。

2. 选择设计题目

初步拟定机构系统运动方案。

3. 正确拆分杆组

先画在纸上拆分,然后在实验台上拆分。

从机构中拆出杆组具有以下 3 个步骤:

(1) 先去掉机构中的局部自由度和虚约束;

(2) 计算机构的自由度,确定原动件;

(3) 从远离原动件的一端开始拆分杆组,每次拆分时,先试着拆分出 Ⅱ 级组,没有 Ⅱ 级组时,再拆分 Ⅲ 级组等高级组,最后剩下原动件和机架。

拆分杆组是否正确的判定方法是:拆去一个杆组或一系列杆组后,剩余的必须为一个与原机构具有相同自由度的子机构或若干个与机架相连的原动件,不能有不成组的零散构件或运动副存在;全部杆组拆完后,只应当剩下与机架相连的原动件。

对于图 1.8.2 所示机构,可先除去 K 处的局部自由度;然后,按步骤(2)计算机构的自由度 $F=1$,并确定凸轮为原动件;最后根据步骤(3)的要领,先拆分出由构件 4 和 5 组成的 Ⅱ 级组,再拆分出由构件 3 和 2 及构件 6 和 7 组成的两个 Ⅱ 级组及由构件 8 组成的单构件高副杆组,最后剩下原动件 1 和机架 9。

4. 在桌面上初步拼装杆组

使用"机构运动创新设计实验台"的多功能零件,按照自己设计的草图,先在桌面上进行机构的初步实验组装,这一步的目的是杆件分层。一方面为了使各个杆件在相互平行的平面内运动,另一方面为了避免各个杆件、各个运动副之间发生运动干涉。

5. 正确拼装杆组

按照上一步骤实验好的分层方案,使用实验台的多功能零件,从最里层开始,依次将各个杆件组装连接到机架上。要注意构件杆的选取、转动副的连接、移动副的连接、原动件的

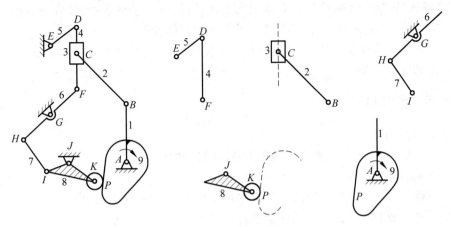

图 1.8.2　杆组拆分例图

组装方式。

6. 输入构件的选择

根据输入运动的形式选择原动件。若输入运动为转动(工程实际中以柴油机、电动机等为动力的情况),则选用双轴承式主动定铰链轴或蜗杆为原动件,并使用电机通过软轴联轴器进行驱动;若输入运动为移动(工程实际中以油缸、气缸等为动力的情况),可选用直线电机驱动。

7. 实现确定运动

试用手动的方式驱动原动件,观察各部分的运动都畅通无阻之后,再与电机相连。检查无误后,方可接通电源。

8. 分析机构的运动学及动力学特性

通过动态观察机构系统的运动,对机构系统运动学及动力学特性作出定性的分析。一般包括以下几个方面:

(1) 各个构件、运动副是否发生干涉?

(2) 有无"憋劲"现象?

(3) 输入转动原动件是否为曲柄?

(4) 输出件是否具有急回特性?

(5) 机构的运动是否连续?

(6) 最小传动角(或最大压力角)是否超过其许用值,是否在非工作行程中?

(7) 机构运动过程中是否具有刚性冲击或柔性冲击?

(8) 机构是否灵活、可靠地按照设计要求运动到位?

(9) 自由度大于 1 的机构,其几个原动件能否使整个机构的各个局部实现良好的协调动作?

(10) 控制元件的使用及安装是否合理,是否按预定的要求正常工作?

若观察机构系统运动发生问题,则必须按前述步骤进行组装调整,直至该模型机构灵活、可靠地完全按照设计要求运动。

9. 确定方案、撰写实验报告

(1) 用实验方法确定了设计方案和参数后,再测绘自己组装的模型,换算出实际尺寸,填写实验报告,包括按比例绘制正规的机构运动简图、标注全部参数、计算自由度、划分杆组、指出自己有所创新之处、指出不足之处并简述改进的设想。

(2) 在教师验收合格并拍照后,自行拆除搭接机构,同时将所有零件物归原处。

(3) 撰写实验报告。

1.8.6　实验报告

实验报告应包括以下内容:

(1) 实验目的(个人通过此次实验所要达到的目的);

(2) 机构名称;

(3) 总体方案简图(照片的方式,并在照片上标注尺寸)及完整的机构运动简图;

(4) 主要参数的设计计算过程和结果;

(5) 搭接过程中所遇问题的现场解决方法及其结果分析;

(6) 对测试结果进行分析讨论,对制作的实物模型进行分析评价,提出进一步完善模型(作品)的建议和措施;

(7) 问题及建议。

1.8.7　思考题

(1) 搭接过程中应注意哪些问题?

(2) 在机构设计中如何考虑机构替代问题?

(3) 连杆机构的特点是什么? 凸轮机构的特点是什么?

(4) 在实际设计中公差配合的意义是什么?

(5) 机构的功能是通过什么实现的? 机构简图与实际机构的区别是什么?

1.8.8　机构运动方案创新设计参考题目[4]

为配合操作者拼接实验指导书中的机构运动方案,机构运动简图中所标注的数字代表构件编号。

1. 蒸汽机机构

如图 1.8.3 所示,组件 1-2-3-8 组成曲柄滑块机构,组件 8-1-4-5 组成曲柄摇杆机构,组件 5-6-7-8 组成摇杆滑块机构。曲柄摇杆机构与摇杆滑块机构串联组合。滑块 3、7 作往复运动并有急回特性。适当选取机构运动学尺寸,可使两滑块之间的相对运动满足协调配合的工作要求。

应用举例:蒸汽机的活塞运动及阀门启闭机构。

注:1 构件(偏心轮)与 4 构件(活动圆环)已组合为一个零件,称为曲柄双连杆部件。两活动构件形成转动副,且转动副的中心在圆环的几何中心处。

为达到延长 AB 距离的目的,将一短连杆与构件 1 固定在同一根转轴上,可使轴、短连杆和偏心轮 3 个零件形成同一活动构件。

2. 自动车床送料机构

结构说明:由凸轮与连杆组合而成的机构。

工作特点:一般凸轮为主动件,能够实现较复杂的运动规律。

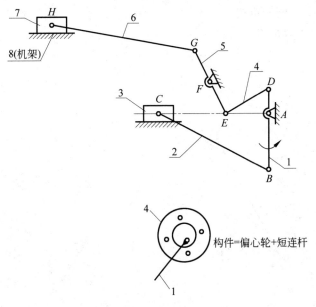

图 1.8.3　蒸汽机机构

应用举例：自动车床送料及进刀机构。如图 1.8.4 所示，自动车床送料及进刀机构由平底直动从动件盘状凸轮机构与连杆机构组成。当凸轮转动时，推动杆 5 往复移动，通过连杆 4 与摆杆 3 及滑块 2 带动从动件 1（推料杆）作周期性往复直线运动。

3．六杆机构

结构说明：如图 1.8.5 所示，由曲柄摇杆机构 6-1-2-3 与摆动导杆机构 3-4-5-6 组成六杆机构。曲柄 1 为主动件，摆杆 5 为从动件。

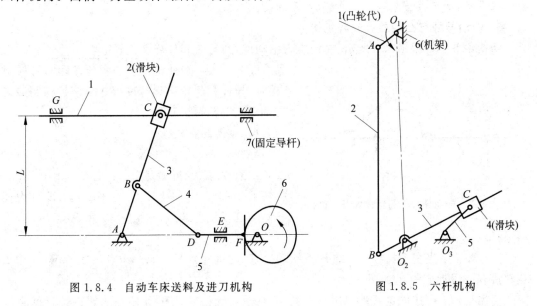

图 1.8.4　自动车床送料及进刀机构　　　　图 1.8.5　六杆机构

工作特点：当曲柄 1 连续转动时，通过杆 2 使摆杆 3 作一定角度的摆动，再通过导杆机构使摆杆 5 的摆角增大。

应用举例：缝纫机摆梭机构。

4. 双摆杆摆角放大机构

结构说明：如图1.8.6(a)所示,主动摆杆1与从动摆杆3的中心距 L 应小于摆杆1的半径 r 。

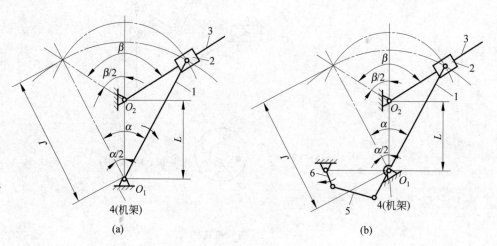

图1.8.6　双摆杆摆角放大机构

工作特点：当主动摆杆1摆动 α 角时,从动摆杆3的摆角 β 大于 α ,实现摆角增大,各参数之间的关系为

$$\beta = 2\arctan \frac{(r/L)\tan(\alpha/2)}{(r/L) - \sec(\alpha/2)}$$

注：由于图1.8.6(a)是双摆杆,所以不能用电机带动,只能用手动方式观察其运动。若要电机带动,则可按图1.8.6(b)所示方式拼接。

5. 转动导杆与凸轮放大升程机构

结构说明：如图1.8.7所示,曲柄1为主动件,凸轮3和导杆2固联。

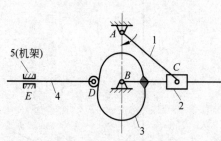

图1.8.7　转动导杆与凸轮放大升程机构

工作特点：当曲柄1从图示位置顺时针转过90°时,导杆和凸轮一起转过180°。该机构制造安装简单,工作性能可靠。

6. 铰链四杆机构

结构说明：如图1.8.8(a)所示,双摇杆机构 $ABCD$ 的各构件长度满足条件：机架 $l_{AB} = 0.64l_{BC}$,摇杆 $l_{AD} = 1.18l_{BC}$,连杆 $l_{DC} = 0.27l_{BC}$, E 点为连杆 CD 延长线上的点,且 $l_{DE} = 0.83l_{BC}$ 。 BC 为主动摇杆。

工作特点：当主动摇杆 BC 绕 B 点摆动时, E 点轨迹为图1.8.8中点画线所示,其中 E 点轨迹有一段近似为直线。

应用举例：可作固定式港口用起重机, E 点处安装吊钩。利用 E 点的轨迹的近似直线段吊装货物,能符合吊装设备的平稳性要求。

注：因为是双摇杆,所以不能用电机带动,只能用手动方式观察其运动。若要电机带

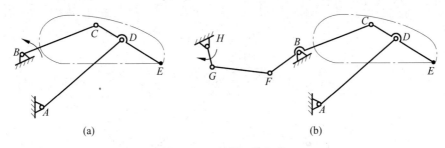

图 1.8.8　铰链四杆机构

动,则可按图 1.8.8(b)所示方式串联一个曲柄摇杆机构。

7. 冲压送料机构

结构说明:如图 1.8.9 所示,组件 1-2-3-4-5-9 组成导杆摇杆滑块冲压机构,由组件 1-8-7-6-9 组成齿轮凸轮送料机构。冲压机构是在导杆机构的基础上,串联一个摇杆滑块机构组合而成的。

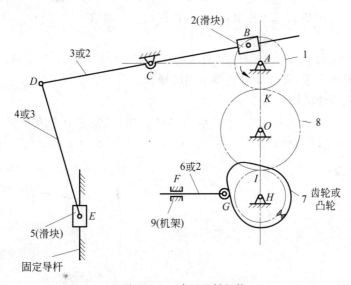

图 1.8.9　冲压送料机构

工作特点:导杆机构按给定的行程速度变化系数设计,它和摇杆滑块机构组合可达到工作段近于匀速的要求。适当选择导路位置,可使工作段压力角 α 较小。在工程设计中,按机构运动循环图确定凸轮工作角和从动件运动规律,则机构可在预定时间将工件送至待加工位置。

8. 铸锭送料机构

结构说明:如图 1.8.10 所示,滑块为主动件,通过连杆 2 驱动双摇杆 $ABCD$,将从加热炉出料的铸锭(工件)送到下一工序。

工作特点:图 1.8.10 中粗实线位置为炉铸锭进入装料器 4 中,装料器 4 即为双摇杆机构 $ABCD$ 中的连杆 BC,当机构运动到虚线位置时,装料器 4 翻转 180° 把铸锭卸放到下一工序的位置。主动滑块的位移量应控制在避免出现该机构运动死点(摇杆与连杆共线时)的范围内。

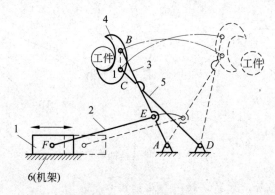

图 1.8.10　铸锭送料机构

应用举例：加热炉出料设备、加工机械的上料设备等。

9. 插床的插削机构

结构说明：如图 1.8.11 所示，在 *ABC* 摆动导杆机构的摆杆 *BC* 反向延长线的 *D* 点上加由连杆 4 和滑块 5 组成的二级杆组，成为六杆机构。在滑块 5 固接插刀，该机构可作为插床的插削机构。

工作特点：主动曲柄 *AB* 匀速转动，滑块 5 在垂直 *AC* 的导路上往复移动，具有急回特性。改变 *ED* 连杆的长度，滑块 5 可获得不同的规律。

10. 插齿机主传动机构

结构说明及工作特点：图 1.8.12 所示为多杆机构，可使它既具有空回行程的急回特性，又具有工作行程的等时性。

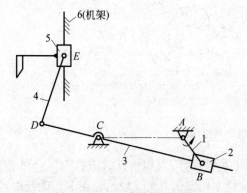

图 1.8.11　插床的插削机构

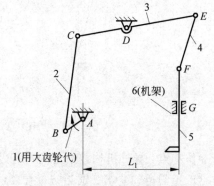

图 1.8.12　插齿机主传动机构

应用举例：应用于插齿机的主传动机构。该机构是一个六杆机构，利用此六杆机构可使插刀在工作行程中得到近于等速的运动。

11. 刨床导杆机构

结构说明及工作特点：如图 1.8.13 所示，牛头刨头的动力是由电机经皮带、齿轮传动使曲柄 1 绕轴 *A* 回转，再经滑块 2、导杆 3、连杆 4 带动装有刨刀的滑枕 5 沿机架 6 的导轨槽作往复直线运动，从而完成刨削工作。显然，导杆 3 为三副构件，其余为二副构件。

12. 曲柄增力机构

结构说明及工作特点：如图 1.8.14 所示机构，当 *BC* 杆受力 *F*，*CD* 杆受力 *P*，则滑块产

生的压力

$$Q = \frac{FL\cos\alpha}{S}$$

由上式可知,减小 α 和 S,增大 L,均能增大增力倍数。因此设计时,可根据需要的增力倍数决定 α、S、L,即决定滑块的加力位置,再根据加力位置决定 A 点位置和有关的构件长度。

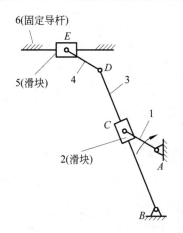

图 1.8.13　刨床导杆机构

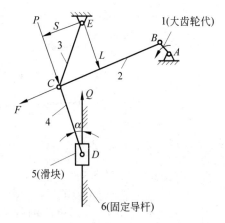

图 1.8.14　曲柄增力机构

13. 曲柄滑块机构与齿轮齿条机构的组合

结构说明:图 1.8.15(a)所示为齿轮齿条行程倍增传动,由固定齿条 5、移动齿条 4 和动轴齿轮 3 组成。传动原理:当主动件动轴齿轮 3 的轴线向右移动时,通过动轴齿轮 3 与齿条 5 啮合,使齿轮 3 在向右移动的同时,又作顺时针方向转动。因此动轴齿轮 3 作转动和移动的复合运动。与此同时,通过动轴齿轮 3 与移动齿条 4 啮合,带动移动齿条 4 向右移动。设动轴齿轮 3 的行程为 S_1,移动齿条 4 的行程为 S,则有 $S = 2S_1$。

图 1.8.15(b)所示机构由齿轮齿条倍增传动与对心曲柄滑块机构串联组成,用来实现大行程 S。如果应用对心曲柄滑块机构实现行程放大,以要求保持机构受力状态良好,即传动压力角较小,可应用"行程分解变换原理",将给定的曲柄滑块机构的大行程 S 分解成两部分,$S = S_1 + S_2$,按行程 S_1 设计对心曲柄滑块机构;按行程 S_2 设计附加机构,使机构的总行程 $S = S_1 + S_2$。

工作特点:此组合机构最重要的特点是上齿条的行程比齿轮 3 的铰接中心点 C 的行程大。此外,上齿条作往复直线运动且具有急回特性。当主动件曲柄 1 转动时,齿轮 3 沿固定齿条 5 往复滚动,同时带动齿条 4 作往复移动,齿条 4 的行程 $S = S_1 + S_2 = 2R + 2R = 4R$。

应用举例:该机构用于印刷机送纸机构。

参看图 1.8.15(c),请实验者考虑一下,若曲柄滑块机构相对齿轮 3 中心偏置,齿条 4 的行程与 R 的关系是怎样的呢?齿条 4 的位移量相对齿轮 3 中心点 C 的位移量又是何关系?

在工程实际中,还可以对图 1.8.15(b)所示的机构进行变通。如齿轮 3 改用节圆半径分别为 r_3、r_3' 的双联齿轮 3、$3'$,并以 $3'$ 和 4 啮合,则齿条 4 的行程 $S = 2(1 + r_3'/r_3)R$,当 $r_3' > r_3$ 时,$S > 4R$。

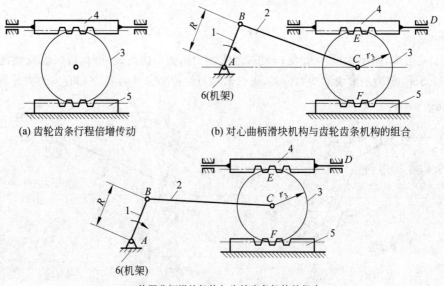

(a) 齿轮齿条行程倍增传动　　　　　(b) 对心曲柄滑块机构与齿轮齿条机构的组合

(c) 偏置曲柄滑块机构与齿轮齿条机构的组合

图 1.8.15　曲柄滑块机构与齿轮齿条机构的组合

14. 曲柄摇杆机构

结构说明：图 1.8.16 所示为曲柄摇杆机构。当机构尺寸满足

$$l_{BC} = l_{CD} = l_{CM} = 2.5 l_{AB}, \quad l_{AD} = 2 l_{AB}$$

时,曲柄1绕 A 点沿着 a-d-b 转动半周,连杆2上 M 点轨迹近似为直线 a_1-d_1-b_1。

应用举例：利用连杆上 M 点近似直线段,可应用于搬运货物的输送机上及电影放映机的抓片机构等。

15. 四杆机构

结构说明：图 1.8.17 所示为四杆机构。当机构尺寸满足

$$l_{CD} = l_{BC} = l_{CM} = 1, \quad l_{AB} = 0.136, \quad l_{AD} = 1.41$$

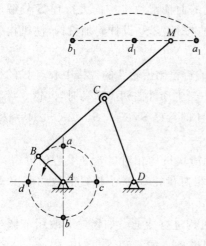

图 1.8.16　曲柄摇杆机构

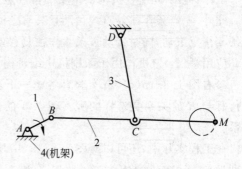

图 1.8.17　四杆机构

时,构件 1 绕 A 点顺时针方向转动,构件 2 上 M 点以逆时针方向转动,其轨迹近似为圆形。

应用举例:利用近似圆轨迹可以用于搅拌机的机构中。

16. 曲柄滑块机构

结构说明:图 1.8.18 所示为曲柄滑块机构。当机构尺寸满足

$$l_{AB} = l_{BC} = l_{BF}$$

时,构件 1 绕 A 点转动,构件 2 上 F 点沿 Ay 轴运动,D 点和 E 点轨迹为椭圆,其方程为

$$\left. \begin{array}{l} \dfrac{x^2}{l_{FD}^2} + \dfrac{y^2}{l_{CD}^2} = 1 \\ \dfrac{x^2}{l_{FE}^2} + \dfrac{y^2}{l_{CE}^2} = 1 \end{array} \right\}$$

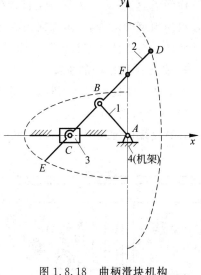

图 1.8.18 曲柄滑块机构

应用举例:应用该机构可做画椭圆仪器。

1.8.9 HM 型机构系统创新组合模型使用说明书

机构运动方案创新设计实验台提供的运动副的拼接方法请参见以下介绍[4]。

1. 实验台机架

实验台机架(见图 1.8.19)中有 5 根铅垂立柱,它们可沿 x 方向移动。移动时请用双手扶稳立柱,并尽可能使立柱在移动过程中保持铅垂状态,这样便可以轻松推动立柱。立柱移动到预定的位置后,将立柱上、下两端的螺栓锁紧(安全注意事项:不允许将立柱上、下两端

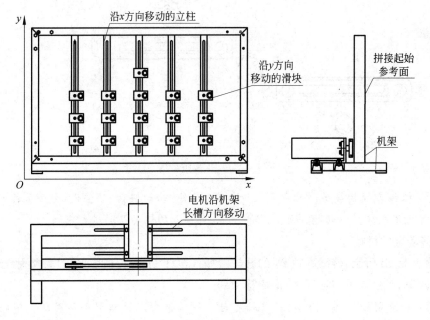

图 1.8.19 实验台机架

的螺栓卸下,在移动立柱前只需将螺栓拧松即可)。立柱上的滑块可沿 y 方向移动。将滑块移动到预定的位置后,用螺栓将滑块紧定在立柱上。按上述方法即可在 x、y 平面内确定活动构件相对机架的连接位置。面对操作者的机架铅垂面称为拼接起始参考面或操作面。

2. 各零部件之间的拼接

本节图示中的编号与"机构运动方案创新设计实验台零部件清单"序号相同。

1) 轴相对机架的拼接

有螺纹端的轴颈可以插入滑块 28 上的铜套孔内,通过平垫片、防脱螺母 34 的连接与机

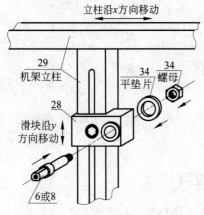

立柱沿 x 方向移动

29 机架立柱

34 平垫片　34 螺母

28 滑块沿 y 方向移动

6或8

图 1.8.20　轴相对机架的拼接

架形成转动副或与机架固定。若按图 1.8.20 拼接后,6 轴或 8 轴相对机架固定;若不使用平垫片 34,则 6 轴或 8 轴相对机架作旋转运动。拼接者可根据需要确定是否使用平垫片 34。

扁头轴 6 为主动轴、8 为从动轴。该轴主要用于与其他构件形成移动副或转动副,也可将连杆或盘类零件等固定在扁头轴颈上,使之成为一个构件。

2) 转动副的拼接

若两连杆间形成转动副,可按图 1.8.21 所示方式拼接。其中,转动副轴 14 的扁平轴颈可分别插入两连杆 11 的圆孔内,再用压紧螺栓 16 和带垫片螺栓 15 分别与 14 两端面上的螺孔连接。这样,有一根连杆被压紧螺栓 16 固定在转动副轴 14 的轴颈处,而与带垫片螺栓 15 相连接的 14 件相对另一连杆转动。

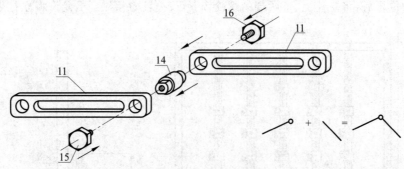

16

11

14

11

15

图 1.8.21　转动副拼接

提示:根据实际拼接层面的需要,14 件可用 7 件"转动副轴-3"替代,由于 7 件的轴颈较长,此时需选用相应的运动构件层面限位套 17 对构件的运动层面进行限位。

3) 移动副的拼接

如图 1.8.22 所示,转滑副轴 24 的圆轴端插入连杆 11 的长槽中,通过带垫片的螺栓 15 的连接,转滑副轴 24 可与连杆 11 形成移动副。

提示:转滑副轴 24 的另一端扁平轴可与其他构件形成转动副或移动副。根据拼接的实际需要,也可选用 7 或 14 件替代 24 件作为滑块。

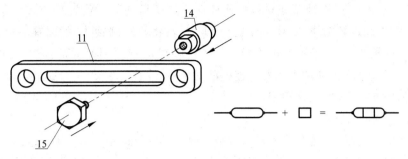

图 1.8.22　移动副的拼接

另外一种形成移动副的拼接方式如图 1.8.23 所示。选用两根轴(6 或 8),将轴固定在机架上,然后再将连杆 11 的长槽插入两轴的扁平轴颈上,旋入带垫片螺栓 15,则连杆在两轴的支撑下相对机架作往复移动。

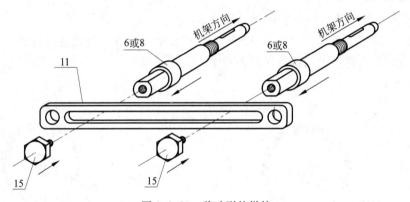

图 1.8.23　移动副的拼接

提示:根据实际拼接的需要,若选用的轴颈较长,此时需选用相应的运动构件层面限位套 17 对构件的运动层面进行限位。

4) 滑块与连杆组成转动副和移动副的拼接

图 1.8.24 所示的拼接效果是滑块 13 的扁平轴颈处与连杆 11 形成移动副;在 20、

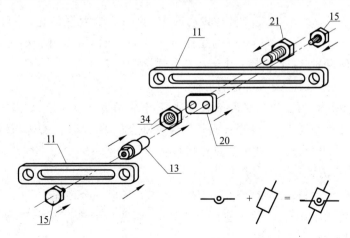

图 1.8.24　滑块与连杆组成转动副、移动副的拼接

21 的帮助下,滑块 13 的圆轴颈处与另一连杆在连杆长槽的某一位置形成转动副。首先用螺栓、螺母 21 将固定转轴块 20 锁定在连杆 11 上,再将转动副轴 13 的圆轴端穿插 20 的圆孔及连杆 11 的长槽中,用带垫片的螺栓 15 旋入 13 的圆轴颈端面的螺孔中,这样 13 与 11 形成转动副。将 13 扁头轴颈插入另一连杆的长槽中,将 15 旋入 13 的扁平轴端面螺孔中,这样 13 与另一连杆 11 形成移动副。

　　5) 齿轮与轴的拼接

　　如图 1.8.25 所示,齿轮 2 装入轴 6 或轴 8 时,应紧靠轴(或运动构件层面限位套 17)的根部,以防止造成构件的运动层面距离的累积误差。按图 1.8.25 连接好后,用内六角紧定螺钉 27 将齿轮固定在轴上(注意:螺钉应压紧在轴的平面上)。这样,齿轮与轴形成一个构件。

　　若不用内六角紧定螺钉 27 将齿轮固定在轴上,欲使齿轮相对轴转动,则选用带垫片螺栓 15 旋入轴端面的螺孔内即可。

　　6) 齿轮与连杆形成转动副的拼接

　　如图 1.8.26 所示拼接,连杆 11 与齿轮 2 形成转动副。视所选用盘杆转动轴 19 的轴颈长度不同,决定是否需用运动构件层面限位套 17。

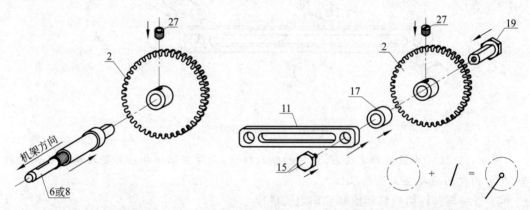

　　　图 1.8.25　齿轮与轴的拼接　　　　　　　图 1.8.26　齿轮与连杆形成转动副的拼接

　　若选用轴颈长度 $L=35$ mm 的盘杆转动轴 19,则可组成双联齿轮,并与连杆形成转动副,参见图 1.8.27;若选用 $L=45$ mm 的盘杆转动轴 19,同样可以组成双联齿轮,与前者不同的是要在盘杆转动轴 19 上加装一个运动构件层面限位套 17。

　　7) 齿条护板与齿条、齿条与齿轮的拼接

　　如图 1.8.28 所示,当齿轮相对齿条啮合时,若不使用齿条导向板,则齿轮在运动时会脱离齿条。为避免此种情况发生,在拼接齿轮与齿条啮合运动方案时,需选用两根齿条导向板 23 和螺栓螺母 21 按图 1.8.28 的方法进行拼接。

　　8) 凸轮与轴的拼接

　　按图 1.8.29 所示拼接好后,凸轮 1 与轴 6 或轴 8 形成一个构件。

　　若不用内六角紧定螺钉 27 将凸轮固定在轴上,而选用带垫片螺栓 15 旋入轴端面的螺孔内,则凸轮相对轴转动。

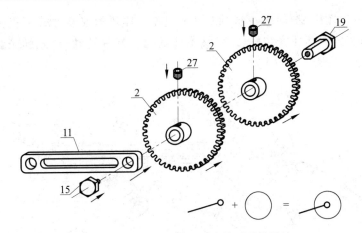

图 1.8.27　齿轮与连杆形成转动副的拼接

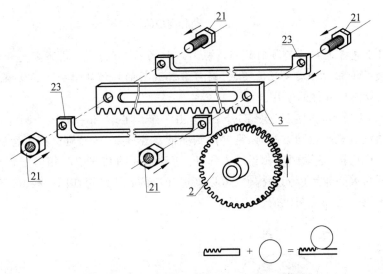

图 1.8.28　齿条护板与齿条、齿条与齿轮的拼接

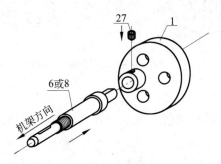

图 1.8.29　凸轮与轴的拼接

9) 凸轮高副的拼接

如图 1.8.30 所示,首先将轴 6 或轴 8 与机架相连。然后分别将凸轮 1、从动件连杆 11 拼接到相应的轴上去。用内六角螺钉 27 将凸轮紧定在 6 轴上,凸轮 1 与 6 轴形成一个运动构件;将带垫片螺栓 15 旋入 8 轴端面的螺孔中,连杆 11 相对 8 轴作往复移动。高

副锁紧弹簧的小耳环用 21 固定在从动杆连杆上,大耳环的安装方式可根据拼接情况自定,必须注意弹簧的大耳环安装好后,弹簧不能随运动构件转动,否则弹簧会被缠绕在转轴上而不能工作。

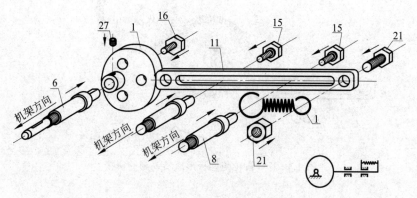

图 1.8.30　凸轮高副的拼接

提示:用于支撑连杆的两轴间的距离应与连杆的移动距离(凸轮的最大升程为 30 mm)相匹配。欲使凸轮相对轴的安装更牢固,还可在轴端面的内螺孔中加装压紧螺栓 15。

10) 曲柄双连杆部件的使用

如图 1.8.31 所示,曲柄双连杆部件 22 是由一个偏心轮和一个活动圆环组合而成的。在拼接类似蒸汽机机构运动方案时,需要用到曲柄双连杆部件,否则会产生运动干涉。参看图 1.8.3 蒸汽机机构,活动圆环相当于 ED 杆,活动圆环的几何中心相当于转动副中心 D。欲将一根连杆与偏心轮形成同一构件,可将该连杆与偏心轮固定在同一根 6 或 8 轴上,此时该连杆相当于机构运动简图中的 AB 杆。

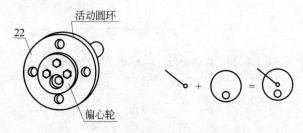

图 1.8.31　曲柄双连杆部件的使用

11) 槽轮副的拼接

图 1.8.32 所示为槽轮副的拼接。通过调整轴 6 或轴 8 的间距,使槽轮的运动传递灵活。

提示:为使盘类零件相对轴更牢靠地固定,除使用内六角螺钉 27 紧固外,还可加用压紧螺栓 16。

12) 滑块导向杆相对机架的拼接

如图 1.8.33 所示,将轴 6 或轴 8 插入滑块 28 的轴孔中,用平垫片、防脱螺母 34 将轴 6 或轴 8 固定在机架 29 上,并使轴颈平面平行于直线电机齿条的运动平面,以保证主动滑块插件 9 的中心轴线与直线电机齿条的中心轴线相互垂直且在一个运动平面内;将滑块导

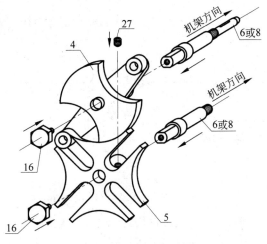

图 1.8.32　槽轮副的拼接

向杆 11 通过压紧螺栓 16 固定在 6 或 8 轴颈上。这样,滑块导向杆 11 与机架 29 成为一个构件。

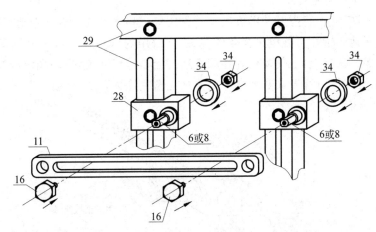

图 1.8.33　滑块导向杆相对机架的拼接

13) 主动滑块与直线电机齿条的拼接

输入主动运动为直线运动的构件称为主动滑块。主动滑块相对直线电机的安装如图 1.8.34 所示。首先将主动滑块座 10 套在直线电机的齿条上(为了避免直线电机齿条不脱离电机主体,建议将主动滑块座固定在电机齿条的端头位置),再将主动滑块插件 9 上只有一个平面的轴颈端插入主动滑块座 10 的内孔中,有两平面的轴颈端插入起支撑作用的连杆 11 的长槽中(这样可使主动滑块不作悬臂运动),然后,将主动滑块座调整至水平状态,直至主动滑块插件 9 相对连杆 11 的长槽能作灵活的往复直线运动为止,此时用螺栓 26 将主动滑块座固定。起支撑作用的连杆 11 固定在机架 29 上的拼接方法,参看图 1.8.33。最后,根据外接构件的运动层面需要调节主动滑块插件 9 的外伸长度(必要的情况下,沿主动滑块插件 9 的轴线方向调整直线电机的位置),以满足与主动滑块插件 9 形成运动副的构件的运动层面的需要,用内六角紧定螺钉 27 将主动滑块插件 9 固定在主动滑块座 10 上。

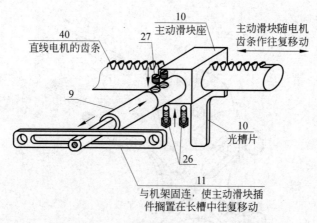

图 1.8.34　主动滑块与直线电机齿条的拼接

提示：图 1.8.34 所拼接的部分仅为某一机构的主动运动部分，后续拼接的构件还将占用空间，因此，在拼接图示部分时尽量减少占用空间，以方便以后的拼接需要。具体的做法是将直线电机固定在机架的最左边或最右边位置。

14）光槽行程开关的安装

参看图 1.8.35 光槽行程开关的安装。首先用螺钉将光槽片固定在主动滑块座上，再将主动滑块座水平地固定在直线电机齿条的端头，然后用内六角螺钉将光槽行程开关固定在实验台机架底部的长槽上，且使光槽片能顺利通过光槽行程开关，也即光槽片处在光槽间隙之间，这样可保证光槽行程开关有效工作而不被光槽片撞坏。

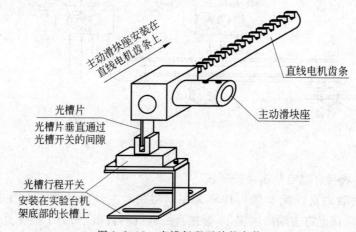

图 1.8.35　光槽行程开关的安装

在固定光槽行程开关前，应调试光槽行程开关的控制方向，使其与电机齿条的往复运动方向和谐一致。具体操作：请操作者拿一可遮挡光线的薄物片（相当于光槽片）间断插入或抽出光槽行程开关的光槽，以确认光槽行程开关的安装方位与光槽行程开关所控制的电机齿条运动方向协调一致；确保光槽行程开关的安装方位与光槽行程开关所控制的电机齿条运动方向协调一致后方可固定光槽行程开关。

操作者应注意：直线电机齿条的单方向位移量是通过上述一对光槽行程开关的间距来实现其控制的。光槽行程开关之间的安装间距即为直线电机齿条在单方向的行程，一对光槽行程开关的安装间距要求不超过 290 mm。由于主动滑块座需要靠连杆支撑（参看图 1.8.34），也即主动滑块是在连杆的长孔范围内作往复运动,而最长连杆（编号：11-7）上的长孔尺寸小于 300 mm,因此,一对光槽行程开关的安装间距不能超过 290 mm,否则会造成人身和设备的安全事故。

　15）蒸汽机机构拼接实例

　　通过图 1.8.36 所示的蒸汽机机构拼接实例,使操作者进一步熟悉零件的使用。该蒸汽机的机构运动简图请参看图 1.8.3。在实际拼接中,为避免蒸汽机机构中的曲柄滑块机构与曲柄摇杆机构间的运动发生干涉,机构运动简图中所标明的构件 1 和构件 4 应选用"曲柄双连杆部件"22 和一根短连杆 11 替代二者的作用。曲柄双连杆部件的具体使用请看图 1.8.3 中的相关说明。

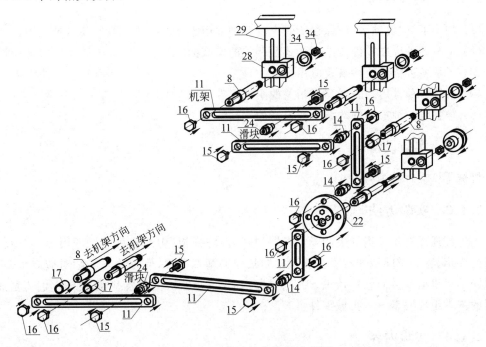

图 1.8.36　蒸汽机机构拼接实例

第2章 机械设计实验

2.1 机械零件认知实验

实验项目性质：演示性　实验计划学时：1

2.1.1 实验目的

(1) 初步了解"机械设计"课程所研究的各种常用零件的结构、类型、特点及应用。

(2) 了解各种标准零件的结构形式及相关的国家标准。

(3) 了解各种传动的特点及应用。

(4) 了解各种常用的润滑剂及相关的国家标准。

(5) 增强对各种零部件的结构及机器的感性认识。

2.1.2 实验设备

机械零件设计陈列教学柜。

2.1.3 实验方法

学生们通过对实验指导书的学习及"机械零件陈列柜"中的各种零件的展示,实验教学人员的介绍、答疑及同学的观察去认识机器常用的基本零件,使理论与实际对应起来,从而增强同学对机械零件的感性认识。并通过展示的机械设备、机器模型等,使学生们清楚知道机器的基本组成要素——机械零件。

2.1.4 实验内容

1. 螺纹连接

螺纹连接是利用螺纹零件工作的,主要用作紧固零件,其基本要求是保证连接强度及连接可靠性。同学们应了解以下内容。

1) 螺纹的种类

常用的螺纹主要有普通螺纹、米制锥螺纹、管螺纹、梯形螺纹、矩形螺纹和锯齿形螺纹。前三种主要用于连接,后三种主要用于传动。除矩形螺纹外,都已标准化。除管螺纹保留英制外,其余都采用米制螺纹。

2) 螺纹连接的基本类型

常用的有螺栓连接、双头螺柱连接、螺钉连接及紧定螺钉连接。除此之外,还有一些特殊结构连接,如专门用于将机座或机架固定在地基上的地脚螺栓连接,装在大型零部件的顶盖或机器外壳上便于起吊用的吊环螺钉连接及应用在设备中的 T 形槽螺栓连接等。

3）螺纹连接的防松

防松的根本问题在于防止螺旋副在受载时发生相对转动。防松的方法，按其工作原理可分为摩擦防松、机械防松及铆冲防松等。摩擦防松简单、方便，但没有机械防松可靠。对重要连接，特别是在机器内部的不易检查的连接，应采用机械防松。常见的摩擦防松方法有对顶螺母、弹簧垫圈及自锁螺母等。机械防松方法有开口销与六角开槽螺母、止动垫圈与圆螺母及串联钢丝等。铆冲防松主要是将螺母拧紧后把螺栓末端伸出部分铆死，或利用冲头在螺栓末端与螺母的旋合处打冲，利用冲点防松。

4）提高螺纹连接强度的措施

（1）受轴向变载荷的紧螺栓连接，一般是因疲劳而破坏。为了提高疲劳强度，减小螺栓的刚度，可适当增加螺栓长度，或采用腰状杆螺栓与空心螺栓。

（2）不论螺栓连接的结构如何，所受的拉力都是通过螺栓和螺母的螺纹牙相接触来传递的，由于螺栓和螺母的刚度与变形的性质不同，各圈螺纹牙上的受力也是不同的。为了改善螺纹牙上的载荷分布不均程度，常用悬置螺母或采用钢丝螺套来减小螺栓旋合段本来受力较大的几圈螺纹牙的受力面。

（3）为了提高螺纹的连接强度，还应减小螺栓头和螺栓杆的过渡处所产生的应力集中。为了减小应力集中的程度，可采用较大的过渡圆角和卸载结构。在设计、制造和装配上应力求避免螺纹连接产生附加弯曲应力，以免降低螺栓强度。

（4）采用合理的制造工艺方法，以提高螺栓的疲劳强度。如采用冷镦螺栓头部和滚压螺纹的工艺方法或采用表面氮化、氰化、喷丸等处理工艺都是有效方法。

在掌握上述内容的基础上，通过参观螺纹连接展柜，使同学们能掌握：①什么是普通螺纹、管螺纹、梯形螺纹和锯齿形螺纹；②什么是普通螺栓、双头螺柱、螺钉及紧定螺钉连接；③摩擦防松与机械防松的零件；④连接螺栓的光杆部分做得比较细的原因等。

2．标准连接零件

标准连接零件一般是由专业企业按国标（GB）成批生产、供应市场的零件。这类零件的结构形式和尺寸都已标准化，设计时可根据有关标准选用。通过实验，学生们要能区分螺栓与螺钉；能了解各种标准化零件的结构特点和使用情况；了解各类零件有哪些标准代号，以提高学生们的标准化意识。

1）螺栓

螺栓一般是与螺母配合使用以连接被连接零件，无需在被连接的零件上加工螺纹，其连接结构简单，装拆方便，种类较多，应用最广泛。其国家标准有 GB/T 5780~5786 六角头螺栓、GB/T 31.1~31.3 六角头螺杆带孔螺栓、GB/T 8 方头螺栓、GB/T 27 六角头铰制孔用螺栓、GB/T 37 T 形槽用螺栓、GB/T 799 地脚螺栓及 GB/T 897~900 双头螺柱等。

2）螺钉

螺钉连接不用螺母，而是紧定在被连接件之一的螺纹孔中，其结构与螺栓相同，但头部形状较多以适应不同装配要求。常用于结构紧凑场合。其国家标准有 GB/T 65 开槽圆柱头螺钉、GB/T 67 开槽盘头螺钉、GB/T 68 开槽沉头螺钉、GB/T 818 十字槽盘头螺钉、GB/T 819.1 十字槽沉头螺钉、GB/T 820 十字槽半沉头螺钉、GB/T 70.1 内六角圆柱头螺钉、GB/T 71 开槽锥端紧定螺钉、GB/T 73 开槽平端紧定螺钉、GB/T 74 开槽凹端紧定螺钉、GB/T 75 开槽长圆柱端紧定螺钉、GB/T 77~80 各种内六角紧定螺钉、GB/T 83~86 各类方头紧定螺钉、GB/T 845~847 各类十字槽自攻螺钉、GB/T 5282~5284 各类开槽自攻螺钉、GB/T 6560~6561 各类十字槽自攻锁紧螺钉、GB/T 825 吊环螺钉等。

3) 螺母

螺母形式很多,按形状可分为六角螺母、四方螺母及圆螺母;按连接用途可分为普通螺母、锁紧螺母及悬置螺母等。应用最广泛的是六角螺母及普通螺母。其国家标准有GB/T 6170~6171、GB/T 6175~6176 1、2 型 A、B 级六角螺母,GB/T 41 1 型 C 级螺母,GB/T 6172A、B 级六角薄螺母,GB/T 6173A、B 级六角薄型细牙螺母,GB/T 6178、GB/T 6180 1、2 型 A、B 级六角开槽螺母,GB/T 9457~9458 1、2 型 A、B 级六角开槽细牙螺母,GB/T 56 六角厚螺母,GB/T 6184 1 型 A、B 级六角锁紧螺母,GB/T 39 C 级方螺母,GB/T 806 滚花高螺母,GB/T 923 盖形螺母,GB/T 805 扣紧螺母,GB/T 812、GB/T 810 圆螺母及小圆螺母,GB/T 62.1~4 蝶形螺母等。

4) 垫圈

垫圈种类有平垫、弹簧垫及锁紧垫圈等。平垫圈主要用于保护被连接件的支承面,弹簧及锁紧垫圈主要用于摩擦和机械防松场合。其国家标准有 GB/T 97.1~97.2、GB/T 95~96、GB/T 848、GB/T 5287 各类大、小及特大平垫圈,GB/T 852 工字钢用方斜垫圈,GB/T 853 槽钢用方斜垫圈,GB/T 861.1 及 GB/T 862.1 内齿、外齿锁紧垫圈,GB/T 93、GB/T 7244、GB/T 859 各类弹簧垫圈,GB/T 854~855 单耳、双耳止动垫圈,GB/T 856 外舌止动垫圈,GB/T 858 圆螺母用止动垫圈。

5) 挡圈

挡圈常用于轴端零件固定之用。其国家标准有 GB/T 891~892 螺钉、螺栓紧固轴端挡圈,GB/T 893.1~893.2 A、B 型孔用弹性挡圈,GB/T 894.1~894.2 A、B 型轴用弹性挡圈,GB/T 895.1~895.2 孔用、轴用钢丝挡圈,GB/T 886 轴肩挡圈等。

3. 键、花键及销连接

1) 键连接

键是一种标准零件,通常用来实现轴与轮毂之间的周向固定以传递转矩,有的还能实现轴上零件的轴向固定或轴向滑动的导向。其主要类型有平键连接、楔键连接和切向键连接。各类键使用的场合不同,键槽的加工工艺也不同,可根据键连接的结构特点、使用要求和工作条件来选择。键的尺寸则应符合标准规格和强度要求来取定。其国家标准有GB/T 1096~1099 各类普通平键、导向键及各类半圆键,GB/T 1563~1566 各类楔键、切向键及薄型平键等。

2) 花键连接

花键连接是由外花键和内花键组成,适用于定心精度要求高、载荷大或经常滑移的连接。花键连接的齿数、尺寸、配合等均按标准选取,可用于静连接或动连接。按其齿形可分为矩形花键(GB/T 1144)和渐开线花键(GB/T 3478.1),前一种由于多齿工作,具有承载能力高、对中性好、导向性好、齿根较浅、应力集中较小、轴与毂强度削弱小等优点,广泛应用在飞机、汽车、拖拉机、机床及农业机械传动装置中;渐开线花键连接,受载时齿上有径向力,能起到定心作用,使各齿受力均匀,具有强度大、寿命长等特点,主要用于载荷较大、定心精度要求较高以及尺寸较大的连接。

3) 销连接

销主要用来固定零件之间的相对位置时,称为定位销,它是组合加工和装配时的重要辅助零件;用于连接时,称为连接销,可传递不大的载荷;作为安全装置中的过载剪断元件时,称为安全销。

销有多种类型,如圆柱销、圆锥销、槽销、销轴和开口销等,这些均已标准化,主要国标代号有 GB/T 119、GB/T 20、GB/T 878、GB/T 879、GB/T 117、GB/T 118、GB/T 881、GB/T 877 等。

各种销都有各自的特点,如:圆柱销多次拆装会降低定位精度和可靠性;圆锥销在受横向力时可以自锁,安装方便,定位精度高,多次拆装不影响定位精度等。

以上几种连接,在参观展柜时要仔细观察其结构、使用场合,并能分清和认识以上各类零件。

4. 机械传动

机械传动有螺旋传动、带传动、链传动、齿轮传动及蜗杆传动等。各种传动都有不同的特点和使用范围,这些传动知识在"机械设计"课程中都需详细讲授。在这里主要通过实物观察,增加同学们对各种机械传动知识的感性认识,为今后理论学习及课程设计打下良好基础。

1) 螺旋传动

螺旋传动是利用螺纹零件工作的,作为传动件要求保证螺旋副的传动精度、效率和磨损寿命等。其螺纹种类有矩形螺纹、梯形螺纹、锯齿形螺纹等。按其用途可分传力螺旋、传导螺旋及调整螺旋 3 种;按摩擦性质不同可分为滑动螺旋、滚动螺旋及静压螺旋等。

滑动螺旋常为半干摩擦,摩擦阻力大、传动效率低(一般为 30%~60%);其结构简单,加工方便,易于自锁,运转平稳,但在低速时可能出现爬行;其螺纹有侧向间隙,反向时有空行程,定位精度和轴向刚度较差,要提高精度必须采用消隙机构,且磨损快。滑动螺旋应用于传力或调整螺旋时,要求自锁,常采用单线螺纹;用于传导时,为了提高传动效率及直线运动速度,常采用多线螺纹(线数 $n=3\sim4$)。滑动螺旋主要应用于金属切削机床进给、分度机构的传导螺纹、摩擦压力机及千斤顶的传动。

滚动螺旋因螺旋中含有滚珠或滚子,在传动时摩擦阻力小、传动效率高(一般在 90% 以上)、起动力矩小、传动灵活、工作寿命长,但结构复杂制造较难;滚动螺旋具有传动可逆性(可以把旋转运动变为直线运动,也可把直线运动变成旋转运动),为了避免螺旋副受载时逆转,应设置防止逆转的机构;其运转平稳,起动时无颤动,低速时不爬行;螺母与螺杆经调整预紧后,可得到很高的定位精度(6 μm/0.3 m)和重复定位精度(可达 1~2 μm),并可提高轴的刚度;其工作寿命长、不易发生故障,但抗冲击性能较差。滚动螺旋主要用在金属切削精密机床和数控机床、测试机械、仪表的传导螺旋和调整螺旋,起重、升降机构和汽车、拖拉机转向机构的传力螺旋,飞机、导弹、船舶、铁路等自控系统的传导和传力螺旋上。

为了降低螺旋传动的摩擦、提高传动效率,并增强螺旋传动的刚性及抗振性能,将静压原理应用于螺旋传动中,制成静压螺旋。因为静压螺旋是液体摩擦,所以摩擦阻力小,传动效率高(可达 99%),但螺母结构复杂;它具有传动的可逆性,必要时应设置防止逆转的机构;工作稳定,无爬行现象;反向时无空行程,定位精度高,并有较高轴向刚度;磨损小及寿命长等。使用时需要一套压力稳定、温度恒定、有精滤装置的供油系统,主要用于精密机床进给、分度机构的传导螺旋。

2) 带传动

带传动是指带被张紧(被预紧)而压在两个带轮上,主动带轮通过摩擦力带动传动带以后,传动带再通过摩擦力带动从动带轮转动。它具有传动中心距大、结构简单、超载打滑(减速)等特点。常有平带传动、V形带传动、多楔带及同步带传动等。

平带传动结构最简单,带轮容易制造,在传动中心距较大的情况下应用较多。

V形带为一整圈,无接缝,故质量均匀,在同样张紧力下,V形带较平带传动能产生更大的摩擦力,再加上传动比较大、结构紧凑,并标准化生产,因而应用广泛。

多楔带传动兼有平带和V形带传动的优点,柔性好、摩擦力大、能传递的功率大,并能解决多根V形带长短不一使各带受力不均匀的问题。多楔带主要用于传递功率较大而结构要求紧凑的场合,传动比可达10,带速可达40 m/s。

同步带是沿纵向制有很多齿,带轮轮面也制有相应齿,它是靠齿的啮合进行传动,可使带与轮的速度一致。

3) 链传动

链传动是指由主动链轮带动链以后,又通过链带动从动链轮,属于带有中间挠性件的啮合传动。与属于摩擦传动的带传动相比,链传动无弹性滑动和打滑现象,能保持准确的平均传动比,传动效率高。按用途不同可分为传动链传动、输送链传动和起重链传动。输送链和起重链主要用在运输和起重机械中,而在一般机械传动中,常用传动链。

传动链有短节距精密滚子链(简称滚子链)、齿形链等。

在滚子链中为使传动平稳、结构紧凑,宜选用小节距单排链,当速度高、功率大时,则选用小节距多排链。

齿形链又称无声链,它是由一排带有两个齿的链板左右交错并列铰链而成。齿形链设有导板,可防止链条在工作时发生侧向窜动。与滚子链相比,齿形链传动平稳、无噪声、承受冲击性能好、工作可靠。

链轮是链传动的主要零件,链轮齿形已标准化(GB 1244、GB 10855),链轮设计主要是确定其结构尺寸,选择材料及热处理方法等。

4) 齿轮传动

齿轮传动是机械传动中最重要的传动之一,形式多、应用广泛。其主要特点是效率高、结构紧凑、工作可靠、传动比稳定等,可做成开式、半开式及封闭式传动。失效形式主要有轮齿折断、齿面点蚀、齿面磨损、齿面胶合及塑性变形等。

常用的渐开线齿轮有直齿圆柱齿轮传动、斜齿圆柱齿轮传动、标准锥齿轮传动等。齿轮传动啮合方式有内啮合、外啮合、齿轮与齿条啮合等。同学们参观时一定要了解各种齿轮特征、主要参数的名称及几种失效形式的主要特征,使实验在真正意义上与理论教学产生互补作用。

5) 蜗杆传动

蜗杆传动是在空间交错的两轴间传递运动和动力的一种传动机构,两轴线交错的夹角可为任意角,常用的为90°。

蜗杆传动有下述特点:当使用单头蜗杆(相当于单线螺纹)时,蜗杆旋转一周,蜗轮只转过一个齿距,因此能实现大传动比。在动力传动中,一般传动比 $i=5\sim80$;在分度机构或手动机构的传动中,传动比可达300;若只传递运动,传动比可达1000。由于传动比大,零件数目又少,因而结构很紧凑。在传动中,蜗杆齿是连续不断的螺旋齿,与蜗轮啮合是逐渐进入或逐渐退出,故冲击载荷小,传动平稳,噪声低;但当蜗杆的螺旋线升角小于啮合面的当量摩擦角时,蜗杆传动便具有自锁;蜗杆传动与螺旋传动相似,在啮合处有相对滑动,当速度很大、工作条件不够良好时会产生严重摩擦与磨损,引起发热,摩擦损失较大,效率低。

根据蜗杆形状不同,分为圆柱蜗杆传动、环面蜗杆传动和锥面蜗杆传动。通过实验同学们应了解蜗杆传动结构及蜗杆减速器的种类和形式。

5. 轴系零、部件

1) 轴承

轴承是现代机器中广泛应用的部件之一。轴承根据摩擦性质不同分为滚动轴承和滑动轴承两大类。滚动轴承由于摩擦系数小,起动阻力小,而且它已标准化(标准代号有GB/T 281、GB/T 276、GB/T 288、GB/T 292、GB/T 285、GB/T 5801、GB/T 297、GB/T 301及 GB/T 4663、GB/T 5859 等),选用、润滑、维护都很方便,因此在一般机器中应用较广。滑动轴承按其承受载荷方向的不同分为径向滑动轴承和止推轴承;按润滑表面状态不同又可分为液体润滑轴承、不完全液体润滑轴承及无润滑轴承(指工作时不加润滑剂);根据液体润滑承载机理不同,又可分为液体动力润滑轴承(简称液体动压轴承)和液体静压润滑轴承(简称液体静压轴承)。

轴承理论课程将详细讲授承载机理、结构、材料等,并且还有实验与之相配合,这次实验同学们主要了解各类轴承的结构及特征,扩大自己的眼界。

2) 轴

轴是组成机器的主要零件之一。一切作回转运动的传动零件(如齿轮、蜗轮等)都必须安装在轴上才能进行运动及动力的传递。轴的主要功用是支承回转零件及传递运动和动力。

按承受载荷的不同,可分为转轴、心轴和传动轴三类;按轴线形状不同,可分为曲轴和直轴两大类,直轴又可分为光轴和阶梯轴。光轴形状简单,加工容易,应力集中源少,但轴上的零件不易装配及定位;阶梯轴正好与光轴相反。所以光轴主要用于心轴和传动轴,阶梯轴则常用于转轴。此外,还有一种钢丝软轴(挠性轴),它可以把回转运动灵活地传到不开敞的空间位置。

轴的失效形式主要是疲劳断裂和磨损。防止失效的措施是:从结构设计上力求降低应力集中(如减小直径差,加大过渡圆角半径等,可详看实物),提高轴的表面品质,包括降低轴的表面粗糙度、对轴进行热处理或表面强化处理等。

轴上零件的固定主要是轴向和周向固定。轴向固定可采用轴肩、轴环、套筒、挡圈、圆锥面、圆螺母、轴端挡圈、轴端挡板、弹簧挡圈、紧定螺钉方式;周向固定可采用平键、楔键、切向键、花键、圆柱销、圆锥销及过盈配合等连接方式。

轴看似简单,但轴的知识内容却比较丰富,完全掌握很不容易。只有通过理论学习及实践知识的积累(多看、多观察),逐步掌握。

6. 弹簧

弹簧是一种弹性元件,它可以在载荷作用下产生较大的弹性变形。弹簧在各类机械中应用十分广泛,主要应用在以下几方面:

(1) 控制机构的运动,如制动器、离合器中的控制弹簧,内燃机气缸的阀门弹簧等。

(2) 减振和缓冲,如汽车、火车车箱下的减振弹簧及各种缓冲器用的弹簧等。

(3) 储存及输出能量,如钟表弹簧、枪内弹簧等。

(4) 测量力的大小,如测力器和弹簧秤中的弹簧等。

弹簧的种类比较多,按承受的载荷不同可分为拉伸弹簧、压缩弹簧、扭转弹簧及弯曲弹簧 4 种;按形状不同又可分为螺旋弹簧、环形弹簧、碟形弹簧、板簧和平面涡卷弹簧等,要使同学们弄清各种弹簧的结构、材料,并能与名称对应起来。

7. 润滑剂及密封

1) 润滑剂

在摩擦面间加入润滑剂不仅可以降低摩擦,减轻磨损,保护零件不受锈蚀,而且在采用循环润滑时还能起到散热降温的作用。由于液体的不可压缩性,润滑油膜还具有缓冲、吸振的能力。使用膏状润滑脂,既可防止内部的润滑剂外泄,又可阻止外部杂质侵入,避免加剧零件的磨损,起到密封作用。

润滑剂可分为气体、液体、半固体和固体 4 种基本类型。在液体润滑剂中应用最广泛的是润滑油,包括矿物油、动植物油、合成油和各种乳剂。半固体润滑剂主要是指各种润滑脂,它是润滑油和稠化剂的稳定混合物。固体润油剂是任何可以形成固体膜以减少摩擦阻力的物质,如石墨、三硫化钼、聚四氟乙烯等。任何气体都可作为气体润滑剂,其中用得最多的是空气,主要用在气体轴承中。各类润滑剂的润滑原理、性能等在授课中都会讲授。液体、半固体润滑剂,其成分及各种分类(品种)都是严格按照国家有关标准进行生产的。同学们不但要了解展柜展出的油剂、脂剂等各种实物及其润滑方法与润滑装置,还应了解其相关国家标准,如 GB/T 3141 润滑油的黏度等级、GB/T 498 石油产品及润滑剂的总分类、GB/T 7631.1~7631.8 润滑剂等。国家标准中油剂共有 20 大组类、70 余个品种,脂剂有 14 个种类品种。

2) 密封

机器在运转过程中及气动、液压传动中需润滑剂、气/油润滑、冷却、传力保压等,在零件的接合面、轴的伸出端等处容易产生油、脂、水、气等渗漏。为了防止渗漏,在这些地方常要采用一些密封的措施。但密封方法和类型很多,如填料密封、机械密封、O 形圈密封、迷宫式密封、离心密封、螺旋密封等。这些密封广泛应用在泵、水轮机、阀、压气机、轴承、活塞等部件的密封中。同学们在参观时应认清各类密封零件及其应用场合。

2.2　螺栓连接拉伸实验

实验项目性质：验证性　实验计划学时：1

2.2.1　实验目的

螺栓连接在各类机械中应用十分广泛,正确计算和测量螺栓受力情况及静、动态特性参数,合理选择螺栓连接是工程技术人员必须掌握的知识。本实验通过对螺栓的受力进行测试和分析,要求达到下述目的:

(1) 了解螺栓连接在拧紧过程中各部分的受力情况。

(2) 计算螺栓相对刚度,并绘制螺栓连接的受力变形图。

(3) 验证受轴向工作载荷时,预紧螺栓连接的变形规律,及变形对螺栓总拉力的影响。

(4) 通过螺栓的动载实验,改变螺栓连接的相对刚度,观察螺栓动应力幅值的变化,以验证提高螺栓连接强度的各项措施。

(5) 熟悉 LZS 螺栓连接综合实验台和 CQYDJ-4 静、动态应变仪的原理及使用方法。

2.2.2　实验原理

螺栓最常用的一种连接形式是承受预紧力和工作拉力,这种连接中零件的受力属于静不定问题。由理论分析可知,螺栓的总拉力除与预紧力 F_p、工作拉力 F 有关外,还受到螺栓刚度 C_1 和被连接件刚度 C_2 等因素的影响。图 2.2.1 所示为一单个螺栓连接及其受力变形图[5]。

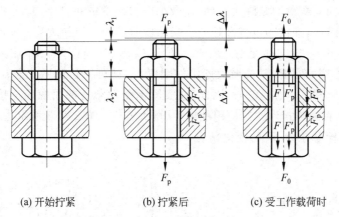

(a) 开始拧紧　　　　　(b) 拧紧后　　　　　(c) 受工作载荷时

图 2.2.1　单个螺栓连接在不同受力状态下的受力变形图

图 2.2.1(a)所示为螺栓刚好拧到与被连接件相接触,但尚未存在拧紧力的理想状态。图 2.2.1(b)所示为螺母已拧紧,但螺栓未受工作载荷的状态,此时,螺栓受预紧力 F_p 的拉伸作用,其伸长量为 λ_1,而被连接件在 F_p 的压缩作用下产生的压缩量为 λ_2。图 2.2.1(c)所示为承受工作载荷 F 时的情况,此时螺栓所受拉力由 F_p 增至 F_0,继续伸长量为 $\Delta\lambda$,总伸长量为 $\lambda_1+\Delta\lambda$。被连接件则因螺栓伸长而被放松,根据连接的变形协调条件,其压缩变形的减少量应等于螺栓拉伸变形的增加量 $\Delta\lambda$。因此,总压缩量为 $\lambda_2-\Delta\lambda$;而被连接件的压缩力

由 F_p 减至 F'_p，F'_p 称为残余预紧力。由于螺栓和被连接件的变形发生在弹性范围内，上述受力与变形关系线图如图 2.2.2 所示。

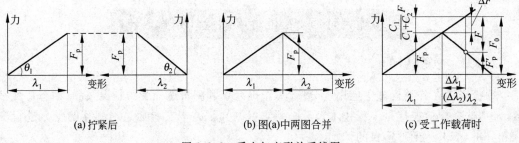

(a) 拧紧后　　　　　　　(b) 图(a)中两图合并　　　　　　(c) 受工作载荷时

图 2.2.2　受力与变形关系线图

由图 2.2.2 可知，螺栓总拉力 F_0 并不等于预紧力 F_p 与工作拉力 F 之和，而等于残余预紧力 F'_p 与工作拉力 F 之和，即

$$F_0 = F'_p + F \quad 或 \quad F_0 = F_p + \Delta F$$

根据刚度定义，$C_1 = F_p/\lambda_1$，$C_2 = F_p/\lambda_2$。由图 2.2.2 中几何关系可得

$$\Delta F = C_1 F/(C_1 + C_2)$$

因此，螺栓总拉力

$$F_0 = F_p + C_1 F/(C_1 + C_2)$$

式中，$C_1/(C_1+C_2)$ 为螺栓的相对刚度系数。此时螺栓预紧力

$$F_p = F'_p + C_2 F/(C_1 + C_2)$$

为了保证连接的紧密性，根据连接的工作性质可取残余预紧力 $F'_p = (0.2 \sim 1.8)F$。

对于承受轴向变载荷的紧螺栓连接，在最小应力不变的条件下，应力幅越小，则螺栓越不容易发生疲劳破坏，连接的可靠性越高。当螺栓所受的工作拉力在 $0 \sim F$ 之间变化时，则螺栓总拉力将在 $F_p \sim F_0$ 之间变动。由 $F_0 = F_p + C_1 F/(C_1 + C_2)$ 可知，在保持预紧力 F_p 不变的条件下，减小螺栓刚度 C_1 或增大连接件刚度 C_2 都可以达到减小总拉力 F_0 的变化范围（即达到减小应力幅 σ_a 的目的）。因此，在实际承受动载荷的紧螺栓连接中，宜采用柔性螺栓（减小 C_1）和在被连接件之间使用硬垫片（增大 C_2）。图 2.2.3 所示为被连接件间使用不同垫片时对螺栓总拉力 F_0 的变化影响。

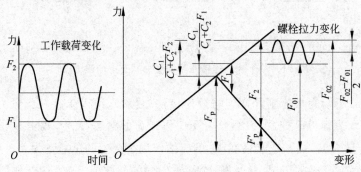

图 2.2.3　被连接件间使用不同垫片时对螺栓总拉力 F_0 的变化影响

2.2.3　实验主要仪器设备

该实验配有 LZS 螺栓连接综合实验台一台，CQYDJ-4 静、动态应变仪一台，另有计算机及专用软件等实验设备及仪器。

1. 螺栓连接综合实验台的结构与工作原理（见图 2.2.4）

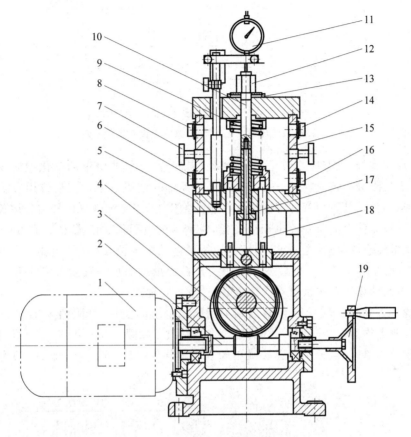

图 2.2.4　螺栓连接综合实验台

1—电动机；2—蜗杆；3—凸轮；4—蜗轮；5—下板；6—扭力插座；7—锥塞；8—拉力插座；9—弹簧；
10—空心螺杆；11—千分表；12—螺母；13—刚性垫片(弹性垫片)；14—八角环压力插座；
15—八角环；16—挺杆压力插座；17—M8 螺杆；18—挺杆；19—手轮

（1）连接部分包括 M16 空心螺栓、大螺母、垫片组。空心螺栓贴有测拉力和扭矩的两组应变片，分别测量螺栓在拧紧时所受的预紧拉力和扭矩。空心螺栓的内孔中装有 M8 螺栓，拧紧或松开其上的手柄杆，即可改变空心螺栓的实际受载截面积，以达到改变连接件刚度的目的。垫片组由刚性和弹性两种垫片组成。

（2）被连接件部分由上板、下板和八角环组成，八角环上贴有应变片，测量被连接件受力的大小，中部有锥形孔，插入或拔出锥塞即可改变八角环的受力，以改变被连接件系统的刚度。

（3）加载部分由蜗杆、蜗轮、挺杆和弹簧组成，挺杆上贴有应变片，用以测量所加工作载荷的大小，蜗杆一端与电动机相连，另一端装有手轮，启动电动机或转动手轮使挺杆上升或下降，以达到加载、卸载（改变工作载荷）的目的。

2. CQYDJ-4 型静、动态应变仪的工作原理及各测点应变片的组桥方式

实验台各被测件的应变量用 CQYDJ-4 型静、动态应变仪测量，通过标定或计算即可换算出各部分的大小。该仪器的系统示意图如图 2.2.5 所示。

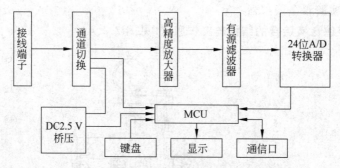

图 2.2.5　CQYDJ-4 型静、动态应变仪系统示意图

CQYDJ-4 型静、动态应变仪是利用金属材料的特性，将非电量的变化转换成电量变化的测量仪，应变测量的转换元件——应变片是用极细的金属电阻丝绕成或用金属箔片印刷腐蚀而成的，用粘贴剂将应变片牢固地贴在被测物件上，当被测件受到外力作用长度发生变化时，粘贴在被测件上的应变片也相应变化，应变片的电阻值也随着发生了 ΔR 的变化，这样就把机械量转换成电量（电阻值）的变化。用灵敏的电阻测量仪——电桥，测出电阻值的变化 $\Delta R/R$，就可换算出相应的应变 ε，并可直接在测量仪的数码管读出应变值。通过 A/D 板，该仪器可向计算机发送被测点应变值，供计算机处理。

LZS 螺栓连接综合实验台各测点均采用箔式电阻应变片，其阻值为 120 Ω，灵敏系数 $k=2.20$，各测点均为两片应变片，按测量要求粘组成如图 2.2.6 所示半桥（即测量桥的两桥臂），图中 A、B、C 三点分别为连接线中的三色细导线，其中黄色线（即 B 点）为两应变片之公共点。

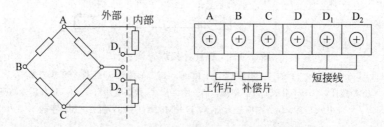

图 2.2.6　半桥及应变测试中的接线图

3. 计算机专用多媒体软件及其他配套器具

需要计算机的配置为带 ISA 槽主板、128 M 内存、40 G 硬盘、Celeron1.3G、光驱 48 X、17″纯平显示器。

配套 A/D 板为 PC6360 转换卡。

实验台专用多媒体软件可进行螺栓静态连接实验和动态连接实验的数据结果处理、整理，并打印出所需的实测曲线和理论曲线图，待实验结束后进行分析。

专用扭力扳手 0～200 N·m 一把，量程为 0～1 mm 的千分表两个。

2.2.4　实验内容和要求

LZS 螺栓连接综合实验台可进行下列实验项目,每个实验项目都需对实验台进行调整和相应标定系数的输入工作。

1.（空心）螺栓连接静、动态实验

实验台要求：取出八角环上的两个锥塞,松开空心螺杆上的 M8 小螺杆,装上刚性垫片。

标定系数：使用本节后附录表中的空心螺栓项的给定数据,在实验中用软件自动标定。

2. 增加螺栓刚度的静、动态实验

实验台要求：取出八角环上的两个锥塞,拧紧空心螺杆上的 M8 小螺杆,装上刚性垫片。

标定系数：使用附录表中实心螺栓给定的数据,在实验中用软件自动标定。

3. 增加被连接件刚度的静、动态实验

实验台要求：插上八角环上的两个锥塞,松开空心螺杆上的 M8 小螺杆,装上刚性垫片。

标定系数：使用附录表中的锥塞项给定的数据,在实验中用软件自动标定。

4. 改用弹性垫片的静、动态实验

实验台要求：取出八角环上的两个锥塞,松开空心螺杆上的 M8 小螺杆,装上弹性垫片。

标定系数：使用附录表中的弹性垫片项给定的数据,在实验中用软件自动标定。

2.2.5　实验步骤及结果测试

1. 实验台及仪器的预调与连接

实验台：取出八角环上的两个锥塞,松开空心螺杆上的 M8 小螺杆,装上刚性垫片,转动手轮,使挺杆降下,处于卸载位置。

将两块千分表分别安装在表架上,使表头分别与上板面(靠外侧)和螺栓顶面接触,用以测量连接件(螺栓)与被连接件的变形量。手拧大螺母至恰好与垫片接触。(预紧初始值)螺栓不应有松动的感觉,分别将两千分表调零。

应变仪：配套的 4 根输出线的插头将各点插座连接好,**电机侧八角环的上方为螺栓拉力、下方为螺栓扭力,手轮侧八角环的上方为八角环压力、下方为挺杆压力**。然后将各测点输出线分别接于应变仪背面 1、2、3、4 各通道的 A、B、C 接线端子上(见图 2.2.7),注意黄色线接 B 端子(中点)。

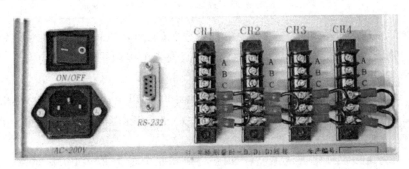

图 2.2.7　仪器后面板

　　计算机：用配套的串口数据线接仪器背面的 9 芯插座，另一头连接计算机上的 A/D 板接口。启动计算机，打开实验台静态螺栓实验软件，单击"静态螺栓实验"进入实验主界面（见图 2.2.8）。单击"校零"按钮后，对"应变测量值"框中数据清零，如串口数据线连接无误，则该输入框中会有数据显示并跳动。

(a) 实验软件主界面

(b) 静态螺栓实验主界面

图 2.2.8　实验软件主界面及静态螺栓实验主界面

　　调节静、动态应变仪：通过应变仪上的选择开关（见图 2.2.9），分别切换至各对应点，调节对应的"电阻平衡"电位器，使数码管为"0"，进行测点的电阻平衡。

2. 螺栓连接的静态实验

　　（1）转动手轮，使挺杆降下，处于卸载位置；手拧大螺母至恰好与垫片接触，螺栓不应有松动的感觉，分别将两千分表调零。打开测试软件，进入"静态螺栓测试"界面，单击"调零"按钮，此时应变测试在 0 值左右跳动。

　　（2）用扭力矩扳手预紧被试螺栓，当扳手力矩指示力矩为 30～40 N·m 时，取下扳手，完成螺栓预紧。

　　（3）将千分表测量的螺栓拉变形和八角环压变形值输入到相应的"千分表值输入"框中。

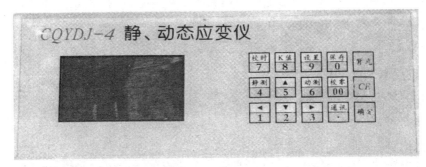

图 2.2.9　仪器前面板

（4）单击"预紧"按钮，对预紧的数据进行采集和处理。

（5）单击"预紧标定"按钮，对预紧的数据进行标定。

（6）用手逆时针（面对手轮）旋转实验台上的手轮，使挺杆上升至一定高度，对螺栓轴向加载，加载高度≥16 mm，高度值可通过塞入 $\phi16$ mm 的测量棒确定（量定后一定要把量棒取出），然后将千分表测到的变形值再次输入到相应的"千分表值输入"框中。

（7）单击"加载"按钮进行轴向加载的数据采集和处理。

（8）单击"加载标定"按钮，进行加载数据标定。

（9）单击"生成实验报告"按钮，生成螺栓连接静态实验报告。

（10）完成上述操作后，静态螺栓连接实验结束，单击左上角的◀按钮，直接返回主界面（不能通过关闭方式离开，否则无法进行螺栓连接动态实验）。

3．螺栓连接动态实验

（1）螺栓连接的静态实验结束返回主界面后，单击"动态螺栓实验"按钮进入动态螺栓实验界面。

（2）**取下实验台右侧手轮，开启实验台电动机开关**，单击"动态测试"按钮，使电动机运转 30 s 左右。进行动态加载工况的采集和处理。

（3）单击"动态测试"按钮，收集实测波形图和理论波形图（见图 2.2.10）。

（4）单击"停止采集"按钮，完成实测波形图和理论波形图。

（5）单击"实验报告"按钮，生成"螺栓连接静、动态特性实验报告"。

4．完成所有实验项目

按照实验内容和实验项目的要求重新安装调试实验台，重复上述实验步骤，完成剩下的 3 个实验项目。

2.2.6　实验报告

实验结束后，软件自动生成实验报告，请以班为单位建立文件夹，以个人名字和学号修改实验报告名，实验结束后统一发送到班邮箱中。

课内记录实验数据和测试过程，课后根据实验数据作出分析和结论，回答思考题，完成实验报告。

2.2.7　思考题

（1）为了提高螺栓疲劳强度，被连接件之间应采用软垫片还是硬垫片？为什么？

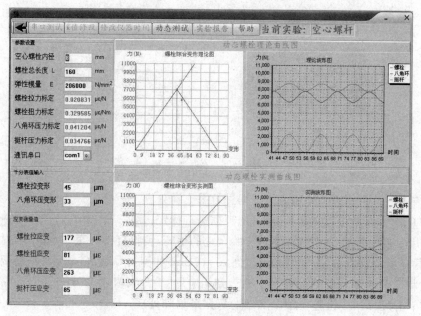

图 2.2.10　动态螺栓实验主界面

（2）为什么要控制预紧力？用什么方法控制预紧力？

（3）拧紧螺母时,要克服哪些阻力矩？此时螺栓和被连接件各受什么力？拧紧后螺栓还受什么力？何谓拧紧力矩？

（4）为什么受轴向载荷紧螺栓连接的总载荷不等于预紧力加外载荷？

（5）连接件和被连接件的受力与变形关系如何？

（6）静载荷下与变载荷下螺栓连接的失效形式有何不同？失效部位通常发生在何处？

（7）改变连接件和被连接件的刚度对其受力与变形有何影响？有哪些措施可以提高螺栓连接的承载能力？

（8）理论计算与实验结果之间存在误差的原因有哪些？

附录：各实验项目的标定系数见表 2.2.1。

表 2.2.1　各实验项目的标定系数

实验项目	空心螺栓项	实心螺栓项	锥塞项	弹性垫片项
标定系数 $\mu_{标}$	0.208	5.4	0.44	1.38

2.3　带传动特性

2.3.1　实验目的

(1) 观察带传动的弹性滑动与打滑现象。

(2) 了解带传动实验台的工作原理、转矩与转速的测量方法。

(3) 测定弹性滑动率与所传递载荷（圆周力）的大小有密切关系，绘制滑动率曲线和效率曲线。

2.3.2　实验台的构造和工作原理

本实验台由主机和测量系统两大部分组成，如图 2.3.1 所示。

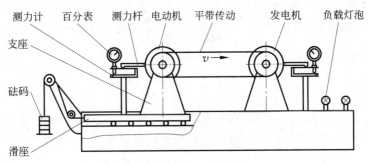

图 2.3.1　实验台的结构

1. 主机

主机是一个平带传动装置。主动带轮装在电动机轴上，而从动带轮装在直流发电机的轴上，通过平带带动从动轮转动。在直流发电机的输出电路上，并联有 8 个负载灯泡，每个 40 W，作为带传动的加载装置。砝码通过钢丝绳、定滑轮拉紧滑座，从而使带张紧，以保证带有一定的初拉力（30 N）开启灯泡，以改变发电机的负载电阻。随着开启灯泡的增多，发电机的负载增大，带的拉力增大，两边拉力差也增大，带的弹性滑动逐渐增大。当所传递的最大有效拉力（圆周力）刚好达到带与轮之间的极限摩擦力时，带即将打滑，当负载进一步增加时带完全打滑。

2. 测量系统

测量系统是由电机转速测量装置和电机转矩测量装置两部分组成。

1) 光电测转速装置

在主动轮和从动轮轴的后端，分别各装有一同步转盘，在两转盘的同一半径上各钻有一个小孔，在小孔的一侧固定有光电传感器，并使传感器的测头正对小孔。带轮转动时，就可以在数码管上直接读出带轮的转速。

2) 转矩测量装置

主动轮的转矩 T_1 和从动轮的转矩 T_2 均通过电机外壳来测定。电动机和发电机外壳支承在支座的滚动轴承中,并可绕与转子相重合的轴线摆动。当电动机启动和发电机负载后,由于定子磁场和转子磁场的相互作用,电动机外壳将向转子旋转的反方向翻转,而发电机的外壳向转子旋转的同方向翻转。它们的翻转力矩可以分别通过固定在滑座与固定座上的测力计测得的力矩来平衡。即

主动轮上的转矩

$$T_1 = Q_1 K_1 L_1 \quad (\text{N} \cdot \text{mm})$$

从动轮上的转矩

$$T_2 = Q_2 K_2 L_2 \quad (\text{N} \cdot \text{mm})$$

式中:Q_1、Q_2——测力计上百分表读数,格;

K_1、K_2——测力计标定值,$K_1 = K_2 = 0.24$ N/格;

L_1、L_2——测力杆(力臂)长度,$L_1 = L_2 = 120$ mm。

3)圆周力计算

由带传动的受力分析可知,作用于带轮上圆周力(有效拉力)

$$F = F_1 - F_2$$

由实验测量的圆周力

$$F = \frac{2T_1}{d_1} = \frac{2Q_1 K_1 L_1}{d_1}$$

以 $K_1 = 0.24$ N/格,$L_1 = 120$ mm,$d_1 = 120$ mm 代入得

$$F = 0.48 Q_1$$

4)滑动率测定

当发动机输出电路接入负载后,因带的弹性滑动使 $v_1 > v_2$,只要由测转速装置分别测出主、从动轮转速 n_1、n_2,即可按下式得带传动的弹性滑动率

$$\varepsilon = \frac{v_1 - v_2}{v_1} = \frac{\pi d_1 n_1 - \pi d_2 n_2}{\pi d_1 n_1}$$

因为 $d_1 = d_2$,所以滑动率可表示为

$$\varepsilon = \frac{n_1 - n_2}{n_1} \times 100\%$$

5)效率计算

带传动效率

$$\eta = \frac{P_2}{P_1} = \frac{T_2 n_2}{T_1 n_1} = \frac{Q_2 K_2 L_2 n_2}{Q_1 K_1 L_1 n_1} = \frac{Q_2 n_2}{Q_1 n_1}$$

式中:P_1——主动轮(输入)功率,kW;

P_2——从动轮(输出)功率,kW。

只需测出在不同负载下的主动轮转速 n_1 和从动轮转速 n_2、主动轮转矩 T_1(测力计百分表读数 Q_1)和从动轮转矩 T_2(测力计百分表读数 Q_2),就可算出在不同有效拉力 F 下的传动效率 η 值。

6)绘制滑动率曲线和效率曲线

以有效拉力 F 为横坐标,分别以滑动率 ε 和效率 η 为纵坐标,就可以画出带传动的弹性滑动率曲线和效率曲线,如图 2.3.2 所示。

从图 2.3.2 可以看出,ε 曲线存在着临界点,其左侧为弹性滑动区,是带传动的正常工作区。随着负载的增加,滑动系数逐渐增加并与负载呈线性关系。当载荷增加到超过临界

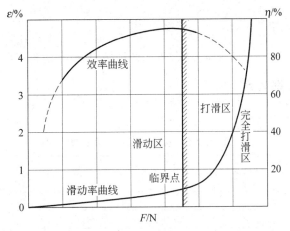

图 2.3.2　滑动率曲线和效率曲线

点后,带传动进入打滑区,带传动不能正常工作,所以应当避免。

2.3.3　实验步骤

(1) 接通电源,实验台指示灯亮,调整测力计与测力杆使之处于平衡状态,百分表调零。

(2) 加码 30 N(3 kg),使带具有初拉力。

(3) 慢慢地按顺时针方向旋转调速旋钮,使电动机开始转动并逐渐加速到 $n_1 = 1000$ r/min 左右,记录 n_1、n_2、Q_1、Q_2,得一组数据。

(4) 打开一个灯泡(即加载),并微调转速旋钮,使转速保持在 1000 r/min 左右,记录 n_1、n_2、Q_1、Q_2,又得另一组数据,注意此时 n_1 与 n_2 之间的差值,即观察带的弹性滑动现象。

(5) 逐渐增加负载(即每次只打开一个灯泡),重复第(4)步,直到 $\varepsilon \geqslant 3\%$ 左右,带传动进入打滑区,若打开灯泡,则 n_1 与 n_2 之差迅速增大。

(6) 卸掉负载,停电动机,切断电源,整理仪器和现场。

2.3.4　实验记录

把原始数据记录在表 2.3.1 中,加载测试数据记录在表 2.3.2 中。

表 2.3.1　原始数据记录

带轮直径	d_1		(mm)	d_2		(mm)
测力杆的长度	L_1		(mm)	L_2		(mm)
测力计标定值	K_1		(N/格)	K_2		(N/格)
初拉最大值	F_0		(N)			

表 2.3.2　加载测试数据记录

外加载荷	W/W	0	40	80	120	160	200	240	280
电动机	$n_1/(\text{r/min})$								
	$Q_1/$格								
发电机	$n_2/(\text{r/min})$								
	$Q_2/$格								

注:外加载荷 W 为灯泡功率。

2.3.5　实验报告

实验报告应包括实验目的、实验步骤、数据处理结果、ε-F 和 η-F 曲线,并回答思考题。

2.3.6　实验数据处理

把实验数据及计算结果记录在表 2.3.3 中。

表 2.3.3　实验数据及计算结果

初拉力 $F_0 =$ 　　　(N)

外加载荷	W/W	0	40	80	120	160	200	240
电动机	$n_1/(\text{r/min})$							
	$Q_1/$格							
发电机	$n_2/(\text{r/min})$							
	$Q_2/$格							
圆周力	F/N							
滑动率	$\varepsilon/\%$							
效率	$\eta/\%$							

ε-F 和 η-F 曲线画在图 2.3.3 中。

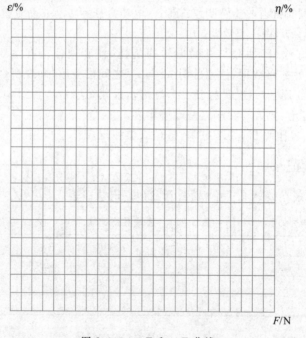

图 2.3.3　ε-F 和 η-F 曲线

2.3.7　思考题

(1) 带传动产生弹性滑动和打滑现象的原因是什么? 在实验中,你怎样观察到这两种现象的出现? 如何判断和区分它们?

(2) 当 $d_1 \neq d_2$ 时,打滑先发生在哪个带轮上,为什么?

(3) 影响带传动能力的因素有哪些?

2.4　滑动轴承实验

2.4.1　实验目的

(1) 观察径向滑动轴承液体动压油膜的形成过程与现象。
(2) 观察载荷和转速改变时，径向和轴向油膜压力的变化情况。
(3) 测定和绘制径向滑动轴承径向油膜压力分布曲线。
(4) 测定径向滑动轴承的摩擦系数 f，绘制摩擦特性曲线。

2.4.2　实验台的构造与工作原理

1. 实验台的构造

实验台的构造如图 2.4.1 所示，该实验台主轴由两个高精度的深沟球轴承支承、直流电动机通过 V 带驱动主轴顺时针旋转，主轴上装有精密加工制造的主轴瓦，由装在底座里的无级调速器实现主轴的无级变速，轴的转速由面板上的左数码管直接读出。

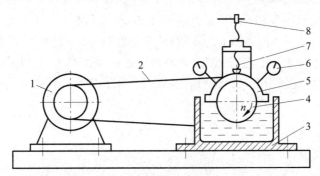

图 2.4.1　滑动轴承实验台构造简图
1—直流电动机；2—V 带；3—箱体；4—主轴；5—主轴瓦；
6—压力表(径向 7 只，轴向 1 只)；7—螺旋加载杆；8—弹簧片

主轴瓦外圆处被加载装置压住，螺旋加载杆即可对轴瓦加载，加载大小由负载传感器传出，由面板上的右数码管显示。

主轴瓦上装有测力杆，通过测力计装置可由百分表读取摩擦力 Δ 值。主轴瓦前端装有 1~7 号 7 只测径向压力的油压表，油的进口在轴瓦的 1/2 处。

在轴瓦全长的 1/4 处装有一个测轴向油压的油压表，即第 8 号油压表。

2. 轴与轴瓦间油膜压力测量装置

轴由滚动轴承支承在箱体 3 上，轴的下半部浸泡在润滑油中。在轴瓦 5 的一径向平面内沿周向钻有 7 个小孔，彼此相隔 20°，每个小孔连接一个压力表，用来测量该相应点的油膜压力，由此可以绘出径向油膜压力分布曲线。沿轴瓦的一个轴向剖面内装有两个压力表，用来观察有限长度内滑动轴承沿轴向的油膜压力分布情况。

3. 加载装置

油膜的径向压力分布曲线是在一定的载荷和一定的转速下绘制的。当载荷改变或轴的转速改变时测出的油膜压力值就不同,所绘出的压力分布曲线的形状也不同。

本实验台采用螺旋加载,转动螺杆可改变载荷的大小,所加载荷之值通过传感器用数码管数字显示,直接在实验台的操纵面板上读出(取中间值)。

4. 实验台主要参数

(1) 轴的直径 $d = 70$ mm;

(2) 轴瓦的宽度 $B = 125$ mm;

(3) 测力杆长度(测力点到轴承中心距离)$L = 120$ mm;

(4) 测力计(百分表)标定值 $K = 0.098$ N/格;

(5) 加载系统初始载荷 $W = 40$ N(轴瓦重量);

(6) 加载系统的加载范围为 0~1000 N;调速范围为 3~500 r/min;

(7) 油压表量程为 0~0.6 MPa(0.025 MPa/格);

(8) 润滑油,夏季用 L-AN46(30 号机油),动力黏度 $\eta_{40} = 0.041$ Pa·s;冬季用 L-AN22(15 号机油),动力黏度 $\eta_{40} = 0.020$ Pa·s。

5. 摩擦系数 f 的测量装置

径向滑动轴承的摩擦系数 f 随轴承的特性数值 $\eta n / p$ 的改变而改变,其中,η 为油的动力黏度(Pa·s),n 为轴的轴速(r/s),p 为压力(MPa),$p = W/Bd$,B 为轴瓦的宽度(mm),d 为轴瓦的直径(mm)。在边界摩擦时,f 随轴承的特性数 $\eta n / p$ 的增大而变化很小。进入混合摩擦后,$\eta n / p$ 改变引起 f 的急剧变化,在刚形成液体摩擦时,f 达到最小值,此后随 $\eta n / p$ 的增大而油膜随之增大,因而 f 亦有所增大,如图 2.4.2 所示。

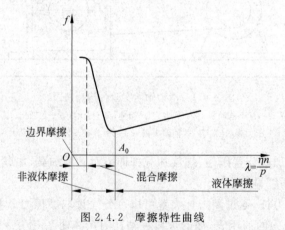

图 2.4.2　摩擦特性曲线

摩擦系数 f 的值可通过测量轴承的摩擦力矩而得到。轴转动时,轴对轴瓦产生周向摩擦力 F,其摩擦力矩为 $Fd/2$,它使轴瓦翻转,其翻转力矩通过固定在弹簧片上的百分表测出。弹簧片的变形呈三角形,并经以下计算可得摩擦系数 f 之值。

根据力矩平衡条件得

$$Fd/2 = LQ$$

式中:L——测力杆的长度;

　　　Q——测力杆的反力,有

$$Q = K\Delta$$

式中：K——测力计的标定值（刚度系数），N/格；

　　　Δ——百分表读数，格。

设作用在轴上的外载荷为 W，则

$$f = F/W = 2LQ/Wd$$

摩擦状态指示装置的原理如图 2.4.3 所示。当轴不转动时，可看到灯泡很亮。当轴在很低的转速下转动时，轴将润滑油带入轴与轴瓦收敛性间隙之间，但由于此时油膜厚度很薄，轴与轴瓦之间部分微观不平度的凸峰处仍有接触，故灯忽亮忽暗。当轴的转速达到一定值时，轴与轴瓦之间形成的压力油膜厚度大于两表面之间微观不平度的凸峰高度，完全将轴与轴瓦隔开，灯泡就不亮了。

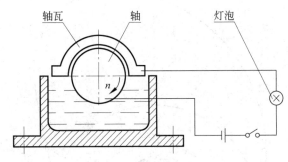

图 2.4.3　摩擦状态指示装置

2.4.3　实验注意事项

（1）为了保持轴与轴瓦的精度，试验机应在卸载下启动或停止。开机前面板上调速旋钮应置"0"（逆时针旋转到底）。

（2）通电后，面板两组数码管亮（左为转速，右为负载），调节调零旋钮，使负载数码管清零。

（3）旋转调速旋钮，使电动机在 100～200 r/min 运行，此时油膜指示灯应熄灭，待主轴稳定运转 3～4 min 后，可按有关实验步骤进行操作。

（4）在做摩擦系数测定时，润滑油进入轴与轴瓦间间隙后，不易流出，致使油压表压力不易回零，此时需人为抬起轴瓦，使油流出，则油压表迅速回零。

（5）为防止主轴与轴瓦在无油膜时运转被烧坏，在面板上装有油膜指示灯。正常工作时指示灯应熄灭，严禁在指示灯亮时高速运转主轴。

2.4.4　实验方法与步骤

1. 观察滑动轴承液体摩擦现象

（1）在弹簧片的端部安装百分表，使其触头具有一定的初始压力。调节面板上的压力调节旋钮，使未加载时的初始载荷为 40 N（轴瓦重量）。

（2）启动电机将轴的转速缓慢地调整到一定值（可取 300 r/min 左右），注意观察轴从开始运转到 300 r/min 时油膜指示灯亮度的变化情况，待灯泡完全熄灭，此时轴承已处于完全液体摩擦(润滑)状态。

2. 测定油膜压力,绘制油膜压力分布曲线

(1) 转速调至 200 r/min,用加载装置加载至约 400 N,待各油压表的压力值稳定后,由左至右把各油压表的压力值(格数)依次记录于表 2.4.1"径向和轴向油膜压力分布曲线检测数据"中。

(2) 分别加载与调速到 600 N、200 r/min;700 N、200 r/min;700 N、300 r/min 后,重复步骤(1)过程,记录另 3 组数据。

(3) 依据测出的各压力表的压力值(只需其中的一组数据),按一定的比例绘制出油压分布曲线,如图 2.4.4 所示。

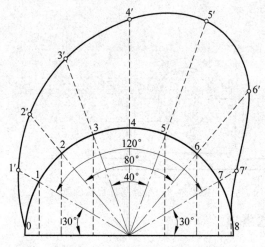

图 2.4.4　油膜压力分布曲线

图 2.4.4 的具体画法:沿着圆周表面从左到右画出角度分别为 30°、50°、70°、90°、110°、130°、150°等分别得出油孔点 1、2、3、4、5、6、7 的位置。通过这些点与圆心连线,在各连线的延长线上,将压力表测出的压力值(比例:0.1 MPa＝20 mm)画出压力线 1—1′、2—2′、3—3′、…、7—7′。将 1′、2′、…、7′各点连成光滑曲线,此曲线就是所测轴承的一个径向截面的油膜径向压力分布曲线。

3. 测定轴承的摩擦系数 f,绘制摩擦特性(f-$\eta n/p$)曲线

(1) 把轴的转速调整至 180 r/min,用加载装置加载到 700 N,待测力计(百分表)稳定后,记录该百分表指针读数(格数),把该数值填在表 2.4.2"摩擦特性曲线检测数据"中。

(2) 把轴转速依次调为 150、120、80、60、30、20、10、5、3 r/min 时,重复步骤(1)的过程。再记录另外 9 组数据。

(3) 根据以上检测数据进行计算,把 f 和 $\lambda = \eta n/p$ 的计算结果填在表 2.4.3"摩擦特性曲线检测及计算数据"中。

(4) 由表 2.4.3 的摩擦系数 f 和特性数 λ 各组数据,按一定比例尺绘出轴承摩擦特性曲线。

2.4.5　实验记录

表 2.4.1　径向和轴向油膜压力分布曲线检测数据

载荷 /N	转速 /(r/min)	压力表读数/格								
		径　向							轴　向	
		1#	2#	3#	4#	5#	6#	7#	4#	8#
400	200									
600	200									
700	200									
700	300									

注：1 格＝0.025 MPa。

表 2.4.2　摩擦特性曲线检测数据

轴承载荷 $W = 700$ N										
转速 n/(r/min)	180	150	120	80	60	30	20	10	5	3
百分表读数 Δ/格										

注：未加载时压力调至 40 N(轴瓦重量)。

表 2.4.3　摩擦特性曲线检测及计算数据

轴转速 n	r/min	3	5	10	20	30	60	80	120	150	180
	r/s										
百分表读数 Δ	格										
摩擦系数 f	$\times 10^{-3}$										
特性数 λ	$\times 10^{-8}$										
动力黏度 η_{40}	Pa·s										
油温 t_m	℃										

2.4.6　实验数据处理

(1) 叙述滑动轴承实验中产生的液体摩擦现象和过程。
(2) 测试数据及数据处理结果。
(3) 绘制油膜压力分布曲线。
(4) 绘制轴承摩擦特性曲线(f-$\eta n / p$)。

2.4.7　思考题

(1) 哪些因素影响液体动压轴承的承载能力及其油膜的形成？
(2) 当转速增加或载荷增大时,油压分布曲线有些什么变化？

2.5 机械传动系统组合实验

实验项目性质：综合性　实验计划学时：2

2.5.1 实验目的

（1）了解带传动、链传动、齿轮传动的构成及其应用特点，认识其组成元件。
（2）了解不同类型传动及其在工程实际中的应用。
（3）了解几种常见传动设计、安装与校准方法。
（4）能将几种传动形式组合，并完成安装调试工作。
（5）掌握齿轮传动系统中的多轴、混轴传动系统设计、安装及校准方法。

2.5.2 实验设备

本实验主要应用的设备为 JCY-C 创意组合机械系统综合实验系统，如图 2.5.1 所示，关于实验系统做如下说明。

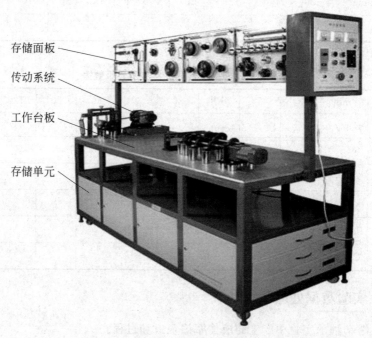

图 2.5.1　JCY-C 创意组合机械系统综合实验系统

1. 系统的主要组成

JCY-C 机械驱动系统包括一个活动的工作站，用于装配机械系统的标准工作台板、存储面板、储存组件的存储单元。工作台板包含 4 块金属板，每一个工作台板都设计有用于装配组件的狭槽和孔，工作站还包括一个电动机控制单元。

2. 存储面板组件

存储面板装在工作台架子上方，分两面安装，每块面板都有提手。面板共分 8 块，分别为轴面板 1、轴面板 2、带面板、链面板、齿轮面板 1、齿轮面板 2、不合格件面板、机构面板。

3. 组件存储单元（抽屉）

抽屉存储单元中含有以下类别的物品：测量仪器、垫片和按键；带、链；装配器具、紧固标准件。

系统主要安装部件及测量与校正零件包括常转速电动机、齿轮电动机、电动机支座、带式制动器、转速计、支撑座制动器、数字转速表及常用工具，如图 2.5.2 所示。

图 2.5.2　常用安装部件及工具

2.5.3　实验内容及要求

1. 实验内容

实验内容分单一传动系统类及传动系统综合运用类，见表 2.5.1、表 2.5.2。

表 2.5.1　单一传动系统类实验题目

实验题目序号	实验题目名称	内容及要求
实验题目 1	V 带传动系统实验	设计 V 带传动组成方案，并进行搭接、校准，计算传动比，调整负载大小并观察传动比的变化，找出 V 带工作过程中滑差率的影响因素，并填写实验报告
实验题目 2（选作）	链传动系统实验	设计链传动组成方案，了解链传动的构成、认识组成元件；掌握单排滚子链的结构及其安装、校准的方法；调整负载大小并观察运转情况，并与其他传动形式进行对比，填写实验报告
实验题目 3	直齿圆柱齿轮传动系统	设计直齿圆柱齿轮传动系统的传动组成方案，并进行搭接、校准、计算传动比等，掌握齿侧间隙的确定及测量方法，并填写实验报告

表 2.5.2　传动系统综合运用类实验题目

实验题目序号	实验题目名称	内容及要求
实验题目 4	多轴、混合轴齿轮传动系统实验	了解多轴、混合轴齿轮传动系统的功能及其应用；确定传动方案，输出轴转向、转速、力矩、传动比的计算，能正确选择、使用联轴器，填写实验报告
实验题目 5	齿轮传动与 V 带传动组合实验	将两种传动方案分别搭接成：V 带传动（高速）-齿轮（低速）、齿轮传动（高速）-V 带（低速）；分析传动方案的合理性，观测传动系统的运转情况，并给出初步的结论
实验题目 6	链传动、齿轮传动、V 带传动综合运用实验	实验者可将三种传动形式自主地通过设计组合，成为传动功能完整的机械系统

2. 实验要求

在规定的学时内,从实验题目中选择至少两项以上,自主完成设计并搭接;根据实验项目的要求,制定实验初步方案,在实验台所提供的硬件系统中,选择零配件,并完成系统制作与校准等内容要求。

2.5.4　实验过程与步骤

1. V 带传动系统实验过程要点

(1) 主要组成零部件及必要工具:电机、电机支撑座、水平仪、百分表与磁性表座、直尺、转速表等。

(2) 选择主动带轮、从动带轮并测量带轮直径 D_1、D_2;计算传动比。

(3) 搭接 V 带传动系统,进行试运转实验,调整制动力的大小,改变 V 带张紧力。

(4) 测试弹性滑动与打滑对转速输出的影响。

(5) 搭接过程要测试轴及带轮的径向跳动、轴的水平度;制动器安装在从动轴上。

(6) 安装完毕进行检查,经指导老师确认后做好开机准备。

(7) 开机并做相关的测试,记录数据。

2. 链传动系统实验过程要点

(1) 选择传动中的链轮,测量主动、从动链轮齿数,计算传动比,系统为减速传动。

(2) 安装并校准单排滚子链传动硬件系统,检查轴的安装精度,安装简易传动输出制动器。

3. 单级齿轮传动过程要点

从实验台硬件系统中确定一种单级齿轮传动方式,可以是单级锥齿轮、斜齿轮、直齿轮传动中的任意一种形式,转速输出结果为减速传动,测量齿轮主要的特征参数,对于齿侧间隙的测量可采用简易方法,即用保险丝放入两齿轮啮合处,用游标卡尺测量其厚度,并做好数据记录。

4. 多轴传动系统实验过程要点

根据实验台所提供的硬件条件,设计三轴以上的多轴齿轮传动系统,此系统的传动方式完全由同学自主设计并搭接完成,要求转速输出为减速传动,总传动比不小于 10,可包括直齿轮传动(平行轴传动)、圆锥齿轮传动(相交轴传动),合理分配传动比,画出设计传动方案的机构简图,做必要的数据记录。

5. 传动组合实验过程的要点

V 带传动、齿轮传动、链传动都是机械传动系统中经常应用的传动方式,由于有各自的应用特点,实际中经常出现两种甚至两种以上的组合传动方式,如:利用 V 带传动能够减少传动系统的冲击和振动,以及过载自保护功能;齿轮传动能够传递较大转矩及高的传动效率;链传动不仅能减少传动冲击而且能够实现大中心距的平行轴传动。

同学们可以自主拟定传动组合方案,可以是任意两种传动形式的组合,也可以是三种传动形式的组合,总的传动比选择在 10~15 之间为宜(见图 2.5.3)。搭接制作时选择 V 带传动为高速级,注意各级传动安装精度的调整。画出传动系统组成方案简图,分析传动平稳性的影响因素。

图 2.5.3　传动组合示例

2.5.5　实验记录

1. V 带传动系统实验记录（见表 2.5.3）

表 2.5.3　V 带传动系统实验记录

加载情况	主动带轮直径 D_1	主动带轮转速 n_1	从动带轮直径 D_2	从动带轮转速 n_2	理论传动比 i_1	实际传动比 i_2'
轻载						
重载						
过载						

2. 链传动系统实验记录（见表 2.5.4）

表 2.5.4　链传动系统实验记录

加载情况	主动链轮齿数 z_1、节距 p_1	从动链轮齿数 z_2、节距 p_2	中心距 a	输入轴转速 n_1	输出轴转速 n_2
轻载	$z_1 =$	$z_2 =$			
过载	$p_1 =$	$p_2 =$			

3. 单级齿轮传动实验记录（见表 2.5.5）

表 2.5.5　单级齿轮传动实验记录

齿轮特征参数	小　齿　轮		大　齿　轮	
齿数 z,模数 m	$z_1 =$	$m_1 =$	$z_2 =$	$m_2 =$
分度圆直径 d				
标准中心距 a				
齿侧间隙				

4. 多轴传动系统实验记录（见表 2.5.6）

表 2.5.6　多轴传动系统实验记录

传动轴数	总传动比	输入轴转速	输出轴转速	输入轴转向	输出轴转向

5. 传动组合实验记录

画出传动系统组成方案简图,分析传动平稳性的影响因素。

2.5.6　思考题

(1) 解释 V 带传动的弹性滑动和打滑概念,如何减轻和避免弹性滑动和过载打滑现象?

(2) V 带传动为什么作为高速级传动?

(3) 请说明齿轮传动的齿侧间隙的作用及其对齿轮传动性能的影响。

2.6　机械传动效率测定与分析

实验项目性质：验证性　实验计划学时：1

2.6.1　实验目的

(1) 了解机械传动试验机的结构特点和工作原理；
(2) 了解在机械传动试验机上测定传动效率的方法；
(3) 介绍机械功率、效率测定开式实验台，了解一般机械功率、效率的测试方法；
(4) 对所设计的组成方案，进行组装与测绘等操作的动手技能训练。

2.6.2　实验设备及工作原理

1. 封闭（闭式）传动系统（以齿轮传动为例）

如图 2.6.1 所示，CLS-Ⅱ型齿轮传动试验机具有 2 个完全相同的齿轮箱（悬挂齿轮箱和定轴齿轮箱），每个齿轮箱内都有 2 个相同的齿轮相互啮合传动（齿轮 9 与 9′，齿轮 5 与 5′），两个实验齿轮箱之间由两根轴（一根是用于储能的弹性扭力轴 6，另一根为万向节轴 10）相连，组成一个封闭的齿轮传动系统。当由电动机 1 驱动该传动系统运转起来后，电动机传递给系统的功率被封闭在齿轮传动系统内，即两对齿轮相互自相传动，此时若在动态下脱开电动机，如果不存在各种摩擦力（这是不可能的），且不考虑搅油及其他能量损失，该齿轮传动系统将成为永动系统；由于存在摩擦力及其他能量损耗，在系统运转起来后，为使系统连续运转下去，由电动机继续提供系统能耗损失的能量，此时电动机输出的功率仅为系统传动功率的 20% 左右。对于实验时间较长的情况，封闭式试验机是有利于节能的。

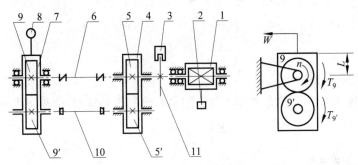

图 2.6.1　CLS-Ⅱ型齿轮传动试验机结构简图

1—悬挂电动机；2—转矩传感器；3—转速传感器；4—定轴齿轮箱；5—定轴齿轮副；6—弹性扭力轴；
7—悬挂齿轮箱；8—加载砝码；9—悬挂齿轮副；10—万向节轴；11—转速脉冲发生器

2. 电动机的输出功率

电动机 1 为直流调速电机，电动机转子与定轴齿轮箱输入轴相连，电动机采用外壳悬挂支承结构（即电动机外壳可绕支承轴线转动）；电动机的输出转矩等于电动机转子与定子之间相互作用的电磁力矩，与电动机外壳（定子）相连的转矩传感器 2 提供的外力矩与作用于定子的电磁力矩相平衡，故转矩传感器测得的力矩即为电动机的输出转矩 T_1；电动机转速

为 n，电动机输出功率

$$P_1 = \frac{T_1 n}{9550} (\text{kW})$$

3. 封闭系统的加载

当实验台空载时，悬挂齿轮箱的杠杆通常处于水平位置，当加上载荷 W 后，对悬挂齿轮箱作用一外加力矩 WL，使悬挂齿轮箱产生一定角度的翻转，使两个齿轮箱内的两对齿轮的啮合齿面靠紧，这时在弹性扭力轴内存在一扭矩 T_9（方向与外加负载力矩 WL 相反），在万向节轴内同样存在一扭矩 T_9'（方向同样与外加力矩 WL 相反）。于是所加的转矩便在齿轮 5 和齿轮 5′、齿轮 9 和齿轮 9′ 的齿面上施加了载荷，这样，齿面间的载荷被保持下来，于是载荷便被封闭在该传动系统中，电动机 1 提供的功率仅为封闭传动中的损耗功率。像这样的加载方式称为封闭式加载[6]。

若断开扭力轴和万向节轴，取悬挂齿轮箱为隔离体，可以看出两根轴内的扭矩之和 (T_9+T_9') 与外加负载力矩 WL 平衡（即 $T_9+T_9'=WL$）；又因两轴内的两个扭矩（T_9 和 T_9'）为同一个封闭环形传动链内的扭矩，故这两个扭矩相等（忽略摩擦，$T_9=T_9'$），即

$$T_9 = \frac{WL}{2} (\text{N} \cdot \text{m})$$

由此可以算出该封闭系统内传递的功率

$$P_9 = \frac{T_9 n}{9550} = \frac{WLn}{19100} (\text{kW})$$

式中：n——电动机及封闭系统的转速，r/min；

　　　W——所加砝码的重力，N；

　　　L——加载杠杆（力臂）的长度，$L=0.3$ m。

4. 单对齿轮传动效率

设封闭齿轮传动系统的总传动效率为 η，封闭齿轮传动系统内传递的有用功率为 P_9，封闭齿轮传动系统内的功率损耗（无用功率）等于电动机输出功率 P_1，即

$$P_1 = P_9 - P_9\eta$$

$$\eta = \frac{P_9 - P_1}{P_9} = \frac{T_9 - T_1}{T_9}$$

若忽略轴承的效率，系统总效率 η 包含两级齿轮的传动效率，故单级齿轮的传动效率

$$\eta_0 = \sqrt{\eta} = \sqrt{\frac{T_9 - T_1}{T_9}}$$

5. 封闭功率流方向

封闭系统内功率流的方向取决于由外加力矩决定的齿轮啮合齿面间作用力的方向和由电动机转向决定的各齿轮的转向；当一个齿轮所受到的齿面作用力与其转向相反时，该齿轮为主动齿轮，而当齿轮所受到的齿面作用力与其转向相同时，则该齿轮为从动齿轮；功率流的方向从主动齿轮流向从动齿轮，并封闭成环，如图 2.6.2 所示。

6. 机械功率、效率测定开式实验台简介

开式机械功率、效率实验台的组成如图 2.6.3 所示。原动机（电动机）为被测机械提供动力，制动器作为被测机械的负载。由原动机输出的动力经被测机械传递到制动器，所传递的能量在制动器"消耗掉"（转化成其他形式的能，如热能），形成开式传动系统。

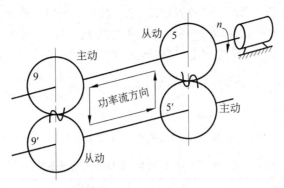

图 2.6.2　封闭功率流方向

开式传动实验台的组成简便灵活,但能耗较大,适用于被测设备类型多变、实验周期较短的情况。

图 2.6.3　开式传动实验台组成

为了测量被测机械所传递的功率及传动效率,将转矩转速传感器串接在被测机械的输入轴和输出轴上,分别测出两轴上所传递的扭矩和转速,即可算出被测机械的输入功率和输出功率,输出功率与输入功率之比即为传动效率。

2.6.3　试验机主要技术参数

(1) 实验齿轮模数 $m=2$ mm;

(2) 齿数 $z_5=z_5'=z_9=z_9'=38$;

(3) 中心距 $a=76$ mm;

(4) 速比 $i=1$;

(5) 直流电机额定功率 $P=300$ W;

(6) 直流电机转速 $n=0\sim1100$ r/min;

(7) 最大封闭扭矩 $T_B=15$ N·m;

(8) 最大封闭功率 $P_B=1.5$ kW。

2.6.4　实验步骤

(1) 打开电源前应先将电动机调速旋钮逆时针轻旋到头,避免开机时电动机突然启动。

(2) 打开电源,按一下"清零"按钮进行清零;此时,转速显示"0",电动机转矩显示"·",说明系统处于"自动校零"状态;校零结束后,转矩显示为"0"。

(3) 在保证卸掉所有加载砝码后,调整电动机调速旋钮,使电动机转速为 600 r/min。

(4) 在砝码吊篮上加上第一个砝码(10 N),并微调转速使其始终保持在预定转速(600 r/min)左右,待显示稳定后(一般调速或加载后,转速和转矩显示值跳动 2~3 次即可达到稳定值),按一下"保持"按钮,使当时的显示值保持不变,记录该组数值;然后按一下"加载"按钮,第一个加载指示灯亮,并脱离"保持"状态,表示第一点加载结束。

(5) 在砝码吊篮上加上第二个砝码,重复上述操作,直至加上 8 个砝码,8 个加载指示灯全亮,转速及转矩显示器分别显示"8888",表示实验结束。

(6) 记录下各组数据后,应先将电机转速慢慢调速至零,然后再关闭实验台电源。

(7) 由记录数据作出齿轮封闭传动系统的传动效率(η-T_9)曲线。

2.6.5　实验记录

(1) 填写转速、转矩、载荷数据记录表(见表 2.6.1)。

表 2.6.1　转速、转矩、载荷数据记录表

电机转速 $n/(\text{r/min})$	电机转矩 $T_1/(\text{N} \cdot \text{m})$	加载载荷 W/N	扭力轴扭矩 $T_9/(\text{N} \cdot \text{m})$	总效率 η	单级齿轮 效率 η_0

(2) 绘制 η-T_9 及 T_1-T_9 的变化曲线。

2.6.6　思考题

(1) 封闭式传动系统为什么能够节能?

(2) 封闭齿轮传动如何区分主动件与被动件?

(3) 欲改变功率流方向,采用什么方法?

2.7 轴系组合设计及分析

实验项目性质：设计性　实验计划学时：2

2.7.1 实验目的

（1）掌握轴系结构测绘的方法。

（2）了解轴系各零部件的结构形状、功能、工艺性要求和尺寸装配关系。

（3）掌握轴系各零部件的安装、固定和调整方法。

（4）掌握轴系结构设计的方法和要求。

（5）了解轴承的类型、布置、安装及调整方法，有关润滑与密封方式。

2.7.2 实验设备及工具

（1）轴系结构设计与分析实验箱：内含箱体 1 件，齿轮 5 对（圆柱直齿、斜齿、螺旋齿、锥齿、蜗轮），轴 4 根，轴承 8 个（球轴承 4 个，圆锥滚子轴承 4 个），其他零部件有轴承座、压盖、密封件、支承套、键、调整垫等。

（2）测量用具：游标卡尺，内、外卡钳，钢尺等及装拆工具一套。

（3）学生自带用具：圆规、三角板、铅笔、橡皮和方格纸等。

2.7.3 实验原理

进行轴的结构设计时，通常首先按扭转强度初步计算出轴端直径，然后在此基础上全面考虑轴上零件的布置、定位、固定、装拆、调整等要求，以及减少轴的应力集中、保证轴的结构工艺等因素，以便经济合理地确定轴的结构。

1. 轴上零件的布置

轴上零件应布置合理，使轴受力均匀，提高轴的强度。

2. 轴上零件的定位和固定

零件安装在轴上，要有一个确定的位置，即要求定位准确。轴上零件的轴向定位是以轴肩、套筒、轴端挡圈和圆螺母等来保证的；轴上零件的周向定位是通过键、花键、销、紧定螺钉以及过盈配合来实现的。

3. 轴上零件的装拆和调整

为了使轴上零件的装拆方便，并能进行位置及间隙的调整，常把轴做成两端细中间粗的阶梯轴，为装拆方便而设置的轴肩高度一般可取为 1～3 mm，安装滚动轴承处的轴肩高度应低于轴承内圈的厚度，以便于拆卸轴承。轴承间隙的调整常用调整垫片的厚度来实现。

4. 轴应具有良好的制造工艺性

轴的形状和尺寸应满足加工、装拆方便的要求。轴的结构越简单，工艺性越好。

5. 轴上零件的润滑

滚动轴承的润滑可根据速度因数 d_n 值选择油润滑或脂润滑，不同的润滑方式采用的密封方式不同。

2.7.4　实验要求

（1）从轴系结构设计实验方案(见 2.7.7 节)中选择设计实验方案。

（2）进行轴的结构设计与滚动轴承组合设计。

每组学生根据实验方案规定的设计条件和要求,确定需要哪些轴上零件,进行轴系结构设计。解决轴承类型选择,轴上零件的固定、装拆,轴承游隙的调整,轴承的润滑、密封,轴的结构工艺性等问题。

（3）绘出任意一根轴及轴上零件的装配草图,所绘制的轴系结构装配图要求结构合理、装配关系清楚、绘图正确(按制图要求并符合有关规定)、标注必要的尺寸(如齿轮直径和宽度、轴承间距和主要零件的配合尺寸等)。

（4）考虑滚动轴承与轴、滚动轴承与轴承座的配合选择问题。

（5）每人编写实验报告一份。

2.7.5　实验数据

（1）轴系结构装配图(含尺寸);

（2）轴系结构分析说明(说明轴上零件如何装拆、定位、固定,滚动轴承的装拆、调整、润滑与密封方法)。

2.7.6　思考题

（1）轴系结构一般采用什么支承形式? 如工作轴的温度变化很大,则轴系结构一般采用什么支承形式?

（2）齿轮在轴上一般采用哪些方式进行轴向固定?

（3）滚动轴承一般采用什么润滑方式进行润滑?

（4）轴上的两个键槽或多个键槽为什么常常设计成在同一条直线上?

（5）圆锥滚子轴承如何装配?

2.7.7　轴系结构设计实验方案

轴系结构设计实验方案如图 2.7.1~图 2.7.9 所示。

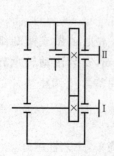
图 2.7.1　直(斜)齿轮传动

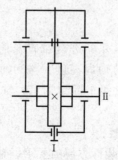
图 2.7.2　螺旋齿轮传动

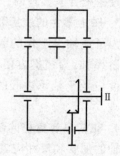
图 2.7.3　圆锥齿轮传动

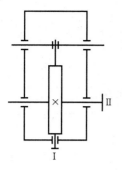
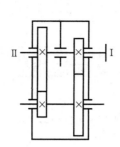
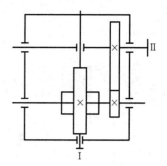

图 2.7.4　蜗杆传动　　图 2.7.5　同轴式齿轮传动　　图 2.7.6　直(斜)齿轮-螺旋齿轮传动

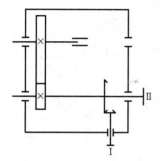
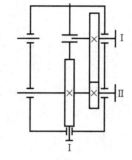
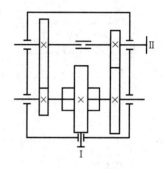

图 2.7.7　斜齿轮-圆锥齿轮　　图 2.7.8　斜齿轮-蜗杆传动　　图 2.7.9　直-螺旋齿轮-斜
　　　　　传动　　　　　　　　　　　　　　　　　　　　　　　　　齿轮传动

2.7.8　轴系结构示例

轴系结构示例如图 2.7.10～图 2.7.17 所示。

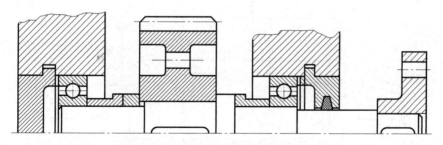

图 2.7.10　圆柱齿轮轴系结构示例之一

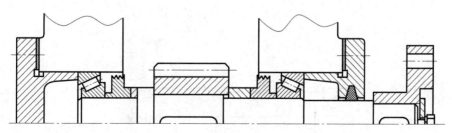

图 2.7.11　圆柱齿轮轴系结构示例之二

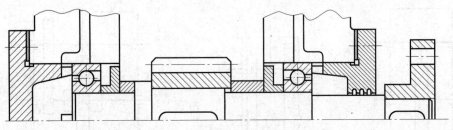

图 2.7.12　圆柱齿轮轴系结构示例之三

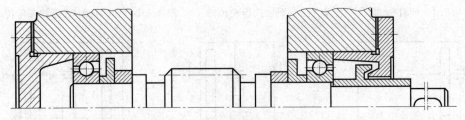

图 2.7.13　蜗杆轴系结构示例之一

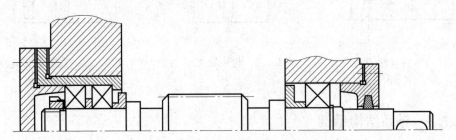

图 2.7.14　蜗杆轴系结构示例之二

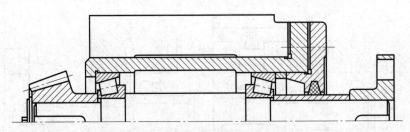

图 2.7.15　小圆锥齿轮轴系结构示例之一

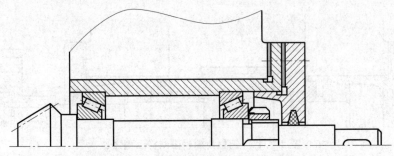

图 2.7.16　小圆锥齿轮轴系结构示例之二

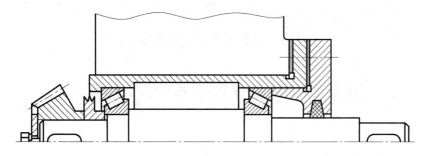

图 2.7.17　小圆锥齿轮轴系结构示例之三

2.8   减速器装拆实验

实验项目性质：验证性   实验计划学时：2

2.8.1   实验目的

(1) 了解传动装置中各种轴承部件的组合设计特点及其调整方法。

(2) 通过轴上零件的拆装,进一步熟悉并掌握阶梯轴设计的一般原则。

(3) 熟悉减速器附件,熟悉各附件的功能及其布置情况。

(4) 熟悉各种减速器的内部结构,培养分析、判断和正确设计轴承部件的能力。

2.8.2   实验设备及工具

(1) 减速器;

(2) 装拆工具每组一套;

(3) 白纸、铅笔、橡皮及三角板(学生自备)(如有课程设计的班级,请带上课程设计指导书)。

2.8.3   实验方法和步骤

1. 打开减速器以前,观察减速器的外貌

(1) 了解减速器的名称、类型、代号、总减速比(注意铭牌内容)。

(2) 了解减速器的结构形式(单级、双级或三级;展开式、分流式或同轴式;卧式或立式;圆柱齿轮、圆锥齿轮或蜗杆减速器)。

(3) 了解箱体上附件的结构形式及其功用,注意观察下列各附件:窥视孔、视孔盖、通气器、吊环螺钉、吊钩、油面指示器或游标尺(测油杆)、放油螺塞、定位销、起盖螺钉。

2. 按下列次序打开减速器,取下的零件按次序放好,便于装配,避免丢失

(1) 取出定位销和轴承盖(仅指凸缘式轴承盖)。

(2) 卸下上、下箱体连接螺栓。

(3) 拧起盖螺钉,顶起并取下箱盖。

3. 观察减速器的内部结构情况

(1) 所用轴承类型(记录轴承型号),轴和轴承的布置情况。

(2) 轴和轴承的轴向固定方式,轴向游隙的调整方法。

(3) 齿轮(或圆锥齿轮或蜗轮)和轴承的润滑方式,在箱体的剖分面上是否有输油沟或回油沟。

(4) 外伸部位的密封方式(外密封),轴承内端面处的密封方式(内密封)。

4. 装拆轴上零件,并按取下零件的顺序依次放好,了解以下内容

(1) 了解轴上各零件的结构及其周向固定和轴向固定方式。

(2) 了解轴的结构,注意下列轴的各结构要素的形式及功用:轴颈、轴肩、轴肩圆角、轴环、倒角、键槽、螺纹退刀槽、砂轮越程槽、配合面、非配合面。

(3) 绘出一根轴及轴上零件的装配图(要求大致符合比例、包含尺寸)。

5. 按下列次序装配好减速器（装配时严禁用力敲打零件）

（1）将轴上各零件装回到轴上；

（2）将装好零件的轴装回到减速器上；

（3）装上轴承盖（指嵌入式轴承盖）；

（4）盖好箱盖，装上定位销；

（5）拧紧上下箱体的连接螺栓；

（6）装上轴承盖（指凸缘式轴承盖），并拧紧螺钉；

（7）用手转动输入轴，检查减速器是否转动灵活，若有故障应加以排除；

（8）擦净减速器油污，摆正减速器。

6. 清理和擦净量具和工具

报告实验指导老师检查后方能结束实验和离开实验室。

2.8.4　实验注意事项

（1）切勿盲目拆装，拆卸前要仔细观察零、部件的结构及位置，考虑好拆装顺序，拆下的零、部件要统一放在盘中，以免丢失和损坏。

（2）爱护工具、仪器及设备，小心仔细拆装避免损坏。

2.8.5　实验记录

（1）一根轴及轴上零件的装配图（要求大致符合比例、包含尺寸）；

（2）减速器主要参数及有关尺寸（见表 2.8.1）。

表 2.8.1　减速器主要参数及有关尺寸

名　称	传动比 i	中心距 a	模数 m_n	齿宽 b		齿宽系数 $\Psi_a=b/a$ $\Psi_d=b/d_1$
				B_1	B_2	
第一级						
第二级						
齿轮（蜗轮）距箱体内壁距离	轴向（最小值）			径向（最小值）		
油深度						
油槽尺寸						
滚动轴承型号	第一轴		第二轴		第三轴	

2.8.6　思考题

（1）本减速器装有哪些附件，各有何功用？

（2）本减速器中齿轮（或蜗轮）的润滑、轴承的润滑、密封是如何考虑的？

（3）为什么小齿轮的宽度往往做得比大齿轮宽一些？为什么许多减速器上既有吊环螺钉还要作出起吊钩？

2.9　机械传动性能综合实验

实验项目性质：综合性　　实验计划学时：2

2.9.1　实验目的

（1）掌握机械传动合理布置的基本要求，加深对常见机械传动性能的认识和理解。

（2）认识机械传动性能综合测试实验台的工作原理，掌握计算机辅助实验的新方法。

（3）掌握传动比、功率和效率的测试原理和公式推导，培养进行设计性实验与创新性实验的能力。

2.9.2　实验设备

本实验在 JCY 型机械传动性能综合测试实验台上进行。本实验台采用模块化结构，由不同种类的机械传动装置、联轴器、变频电机、加载装置和工控机等模块组成，现组装有蜗轮传动实验台、齿轮传动实验台和 V 带传动实验台三个模块，各个模块的实验原理和实验方法基本相同，学生只需要参加其中一个实验项目即可。

机械传动性能综合测试实验台各硬件组成部件的结构布局如图 2.9.1 所示，实验台组成部件的主要技术参数见表 2.9.1。

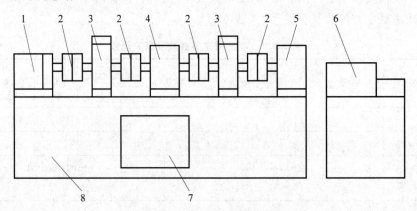

图 2.9.1　实验台的结构布局

1—变频调速电机；2—联轴器；3—转矩转速传感器；4—试件；
5—加载与制动装置；6—工控机；7—电气控制柜；8—台座

表 2.9.1　实验台组成部件的主要技术参数

序号	组 成 部 件	技 术 参 数	备　注
1	变频调速电机	550 W	YP-50-0.55-4-B3
2	ZJ 型转矩转速传感器	Ⅰ. 规格 10 N·m， 　　输出信号幅度不小于 100 mV Ⅱ. 规格 50 N·m， 　　输出信号幅度不小于 100 mV	

续表

序号	组 成 部 件	技 术 参 数	备 注
3	机械传动装置(试件)	直齿圆柱齿轮减速器 $i=5$ 蜗杆减速器 $i=10$ V 形带传动	1 台 WPA50-1/10 O 形带 3 根
4	磁粉制动器	额定转矩:50 N・m 激磁电流:2 A 允许滑差功率:1.1 kW	
5	工控机	PC-500	

　　机械传动性能综合测试实验台采用自动控制测试技术设计,所有电机程控启停,转速程控调节,负载程控调节,用扭矩测量卡替代扭矩测量仪,测量精度达到±0.2%,整台设备能够自动进行数据采集处理,自动输出实验结果,是高度智能化的产品。其控制系统主界面如图 2.9.2 所示。

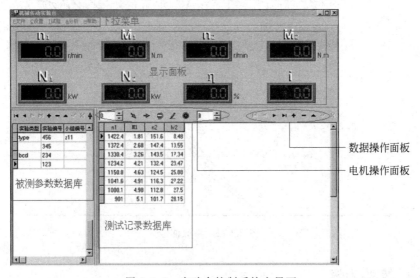

图 2.9.2　实验台控制系统主界面

2.9.3　实验原理

　　本实验台由机械传动装置、联轴器、动力输出装置、加载装置和控制及测试软件、工控机等组成。其工作原理如图 2.9.3 所示。

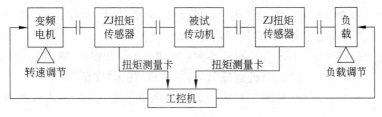

图 2.9.3　实验台的工作原理

利用实验台的自动控制测试技术,能自动测试出机械传动的性能参数,如转速 $n(\text{r/min})$、扭矩 $M(\text{N} \cdot \text{m})$、功率 $N(\text{kW})$。并按照以下关系自动绘制参数曲线。

传动比
$$i = \frac{n_1}{n_2}$$

扭矩
$$M = 9550 \times \frac{N}{n} \quad (\text{N} \cdot \text{m})$$

传功效率
$$\eta = \frac{N_2}{N_1} = \frac{M_2 n_2}{M_1 n_1}$$

根据参数曲线(见图 2.9.4),可以对被测机械传动装置或传动系统的传动性能进行分析。

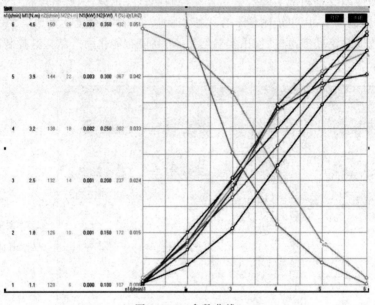

图 2.9.4　参数曲线

2.9.4　实验步骤

(1) 根据班组情况从蜗轮传动台、齿轮传动和 V 带传动中选择一种实验方案,熟悉实验台并了解其实验内容。

(2) 打开实验台电源总开关和工控机电源开关。

(3) 单击左侧"Test"程序,进入测试控制系统主界面(见图 2.9.2),熟悉主界面的各项内容。

(4) 输入实验教学信息:实验类型、实验编号、小组编号、实验人员、指导老师、实验日期等(切记! 实验编号必须填写,其他可填可不填)。

(5) 单击"设置"按钮,确定实验测试参数:转速 n_1、n_2 和扭矩 M_1、M_2 等(见图 2.9.5)。

(6) 通过"实验"菜单的"主电机电源"启动主电机,进入"实验"。

(7) 单击电机操作界面(见图 2.9.6)的被测参数载入按钮 ，载入被测参数(如实验编号等)。

(8) 在操作界面(见图 2.9.6)左端的 中填入电机转速(单位为 r/min),然后用鼠

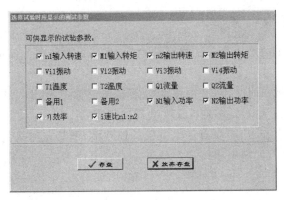

图 2.9.5 选择参数测试界面

标单击右边的增加或者减少箭头🔼,电机开始缓慢启动,之后慢慢达到所需转速。

(9) 转速平稳后,单击操作界面(见图 2.9.6)右
端的🔢向上箭头进行加载(单位为 N・m),加载
时要缓慢平稳,否则会影响采样的测试精度。

图 2.9.6 电机操作界面

(10) 待数据显示稳定后,单击操作界面(见图 2.9.6)的自动采样按钮➡进行数据自动
采样(或者在需要采样的时候单击手动采样按钮✏,此方法每采样一次均要单击一次)。

(11) 当测试记录数据库中显示采样 5～10 次的时候,加大负载进行采样,通过分级加
载、分级采样,采集数据 10 组左右即可,然后单击电机操作界面(见图 2.9.6)的停止采样按
钮🔘,停止采样。

(12) 单击“分析”菜单的“绘制曲线选项”,确定曲线类型(见图 2.9.7)。

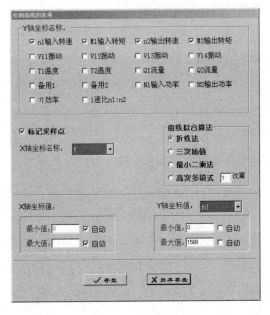

图 2.9.7 绘制曲线选项

2.9.5　注意事项

(1) 本实验台采用的是风冷式磁粉制动器,注意其表面温度不得超过 80℃,实验结束后应及时卸除载荷。

(2) 在施加实验载荷时,"手动"应平稳地旋转电流微调旋钮,"自动"也应平稳地加载,并注意输入传感器的最大转矩分别不应超过其额定值的 120%。

(3) 无论做何种实验,均应先启动主电机后加载荷,严禁先加载荷后开机。

(4) 在实验过程中,如遇电机转速突然下降或者出现不正常的噪声和振动时,必须卸载或紧急停车(关掉电源开关),以防电机温度过高,烧坏电机、电器或引起其他意外事故。

2.9.6　实验记录及处理

如果可以打印的,请附打印图纸,并对实验结果进行分析;对无法打印的,请对测试数据(表)进行筛选,利用 Excel 电子表格在同一图形中(以时间为横坐标,以 M_1、M_2 和 η 为纵坐标)分别绘制 M_1、M_2 和 η 曲线,并对实验结果进行分析。

2.9.7　思考题

(1) 除实验中所做的传动形式外,还有哪些组合传动布置形式可以利用该实验台进行实验?

(2) 实验中使用了哪些传感器?

(3) 效率与 M_1 和 M_2 有什么关系? 如果知道传动比,能根据 M_1 与 M_2 推导出效率公式吗?

(4) 实验中有什么新发现、新设想或新建议?

2.10　摩擦及磨损实验

实验项目性质：验证性　实验计划学时：2

2.10.1　实验目的

（1）了解四球摩擦试验机的构造及使用方法；

（2）初步掌握利用四球摩擦试验机进行摩擦、磨损实验；

（3）了解评定润滑剂承载能力的指标；

（4）掌握测定与计算油膜承载能力的方法。

2.10.2　实验设备及原理

本实验采用 MS-800 型四球摩擦试验机，其核心部位如图 2.10.1 所示。4 个标准 Ⅱ 级

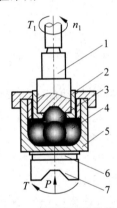

图 2.10.1　四球摩擦试验机的核心部位
1—主轴；2—上夹头；3—上试件；4—下试件；
5—油杯；6—推力球轴承；7—圆盘架

轴承钢球直径为 12.7 mm，上球卡在夹头内，主轴转速为 1450 r/min。下面 3 个球固定于油盒中。负荷 P 的范围为 6～800 kgf（1 kgf＝9.80665 N），规定每次实验时间为 10 s，然后取出钢球。利用显微镜测定钢球平均磨痕直径，并绘出磨损-负荷曲线，从而评定润滑油的承载能力。若借助于从固定球座引出的测力装置，可以测定并记录摩擦力。

在四球摩擦试验机上评定润滑油的承载能力包括油膜承载强度（最大无卡咬负荷 P_B 值）、润滑油承载极限的工作能力（烧结负荷 P_D）和综合磨损值三项内容。

在静负荷 P 作用下，上钢球旋转，固定的下钢球浸没在油中，上钢球与任一下钢球产生的磨痕近

似为圆形，其直径 D_M 称为磨痕直径。

当润滑油形成边界膜时，钢球之间不产生胶合（卡咬），这时的磨痕直径称为补偿直径 D_B。P 与 D_B 的关系在双对数坐标中为一直线，称为补偿线。

图 2.10.2 中为双对数坐标[7]，曲线 $ABCD$ 是根据不同负荷下，所对应钢球的平均磨痕直径得到的，图中标明了磨损-负荷曲线各部分的意义。在实验中发生卡咬的现象时为油膜破坏的特征。油膜破坏后磨损急剧增加。在实验时，不发生卡咬的最高负荷为无卡咬负荷。在该负荷下测得的磨痕直径，不得大于相应补偿线上数值的 5%。

判断无卡咬的负荷时（即补偿线上的负荷），用相应的磨痕直径 D_M 和补偿直径 D_B 相比较，即 $D_M \leqslant D_B$，实际上可允许 5% 的误差，即 $D_M \leqslant 1.05 D_B$ 就可认定为无卡咬。

在实验条件下，使钢球发生烧结的最低负荷称为烧结负荷 P_D。综合磨损值（ZMZ）是润滑油抗极压能力的一个指标，它等于若干次校正负荷的数字平均值（本实验暂不进行该项实验）。

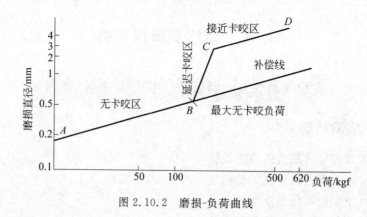

图 2.10.2　磨损-负荷曲线

2.10.3　实验材料

直径为 12.7 mm、材料为 GCr15 的实验钢球,抗磨齿轮油,直馏汽油,石油醚。

2.10.4　实验步骤

(1) 将标准的钢球、油盒、夹具及其他在实验过程中与试油有接触的零件,用溶剂汽油清洗干净。钢球应光洁无锈斑。

(2) 将钢球分别固定在四球摩擦试验机的上球座和油盒内,把试油倒入油盒中,让油漫过钢球而达到压环与螺帽的结合处,在进行润滑脂的实验时,不允许油中的空穴存在。

(3) 把装好试油和钢球的油盒安装在上球座下面。在油杯和导向柱中间放上圆盘架,放松加载杠杆,然后把规定的负荷加到钢球上,加载时应避免冲击。

(4) 启动电动机同时按下秒表,从启动到关闭的试验时间为 10 s。

(5) 卸载后,取出钢球,在显微镜上(放大倍率为 10 倍)测量油盒内任何一个钢球的纵横两个方向的磨痕直径,取其平均值为平均磨痕直径,参考表 2.10.1,检查是否超出规定尺寸,如未超出可以继续加载实验。

表 2.10.1　无卡咬时载荷与磨痕直径对照表

P/kgf	9	10	11	13	15	17	19	21	23	25	28	31
D_M/mm	0.21	0.22	0.23	0.24	0.25	0.26	0.27	0.28	0.29	0.30	0.31	0.32
P/kgf	34	38	40	44	48	52	56	61	66	71	76	82
D_M/mm	0.33	0.34	0.35	0.36	0.37	0.38	0.39	0.40	0.41	0.42	0.43	0.44
P/kgf	88	94	100	107	114	121	128	135	143	152	161	171
D_M/mm	0.45	0.46	0.47	0.48	0.49	0.50	0.51	0.52	0.53	0.54	0.55	0.56
P/kgf	181	191	201	212	225	238	250	263	276	289	302	315
D_M/mm	0.57	0.58	0.59	0.60	0.61	0.62	0.63	0.64	0.65	0.66	0.67	0.68

(6) 按规定取另一等级负荷(实验负荷等级见表 2.10.2),重复上述步骤(1)~步骤(5),得到另一组负荷对应的磨痕直径。大约做 6~10 组即可画出磨损-负荷曲线。

表 2.10.2　负荷等级

负荷级别	1	2	3	4	5	6	7	8	9	10	11
负荷 P/kgf	6	8	10	13	16	20	24	32	40	50	63
负荷级别	12	13	14	15	16	17	18	19	20	21	22
负荷 P/kgf	80	100	126	160	200	250	315	400	500	620	800

注：负荷介于二格之间，则取后一格数值。

(7) 为了准确测出磨损-负荷曲线中最大无卡咬负荷 P_B 的值,还可以借助于补偿线。测定 P_B 时要求所取最大无卡咬负荷对应的磨痕直径,不得大于相应的补偿线上磨痕直径(即补偿直径 D_B)的 5%,如果所测得的某负荷的磨损直径比相应的补偿线上的磨痕直径大 5%,则下次实验就应在较低的负荷下继续这种操作,直到确定出最大无卡咬负荷为止。对 P_B 测定的精确度要求见表 2.10.3。

表 2.10.3　最大无卡咬负荷 P_B 的精确度

P_B/kgf	<40	41~80	81~120	121~160	> 160
精确度/kgf	2	3	5	7	10

(8) 关于烧结负荷 P_D 的测定:一般从 80 kgf 负荷开始,按表 2.10.2 注明的负荷级别进行实验,直至烧结发生为止,要求重复一次,若两次均烧结,以实验时采用的负荷作为烧结负荷。如果重复实验不发生烧结,则需要较大的负荷进行新的实验和重复实验。

发生烧结时应及时关闭电动机,否则会引起严重的磨损,钢球与夹头甚至与上锥座烧结在一起。下列现象可帮助判断是否发生了烧结:

电动机噪声程度增加;油盒冒烟;加载杠杆臂突然降低;摩擦力记录笔尖一个剧烈地横向运动。

(9) 实验完毕,清洗油盒等部件,并整理实验场地。

2.10.5　注意事项

(1) 注意保护刀口,尽量少受冲击。

(2) 换、装夹钢球时,必须用专用工具,切莫用手接触钢球。

(3) 启动电机空转 2~3 min。

(4) 用直馏汽油清洗钢球、油盒、夹具及其他在实验过程中与试样接触的零部件,再用石油醚洗两次,然后吹干。

2.10.6　实验记录

将实验得到的数据依次记录到表 2.10.4 中。

表 2.10.4　实验数据记录

负荷级别	载荷 P/kgf	磨损直径 D_M/mm			负荷级别	载荷 P/kgf	磨损直径 D_M/mm		
		纵向	横向	平均			纵向	横向	平均
1	6				4	13			
2	8				5	16			
3	10				6	20			

负荷级别	载荷 P/kgf	磨损直径 D_M/mm			负荷级别	载荷 P/kgf	磨损直径 D_M/mm		
		纵向	横向	平均			纵向	横向	平均
7	24				15	160			
8	32				16	200			
9	40				17	250			
10	50				18	315			
11	63				19	400			
12	80				20	500			
13	100				21	620			
14	126				22	800			

2.10.7　思考题

(1) 当钢球材料、直径、实验润滑油一定时,钢球的磨损直径与加载负荷存在什么关系?

(2) 当所加负荷加到一定时,会出现什么现象,怎么解释?

(3) 磨痕直径与摩擦系数有什么关系?

(4) 怎么理解齿轮齿面接触疲劳强度设计要控制接触应力?

(5) 普通机械油承载能力为什么低于齿轮油的承载能力?

(6) 要提高润滑油的承载能力可采取什么措施?

2.11　弹簧特性测定

实验项目性质：验证性　　实验计划学时：1

2.11.1　实验目的

（1）了解弹簧试验机的工作原理。
（2）测定压缩弹簧与拉伸弹簧的实际特性，并与理论特性相比。
（3）测定有初应力拉伸弹簧的实际刚度和初应力。

2.11.2　实验设备及工具

（1）TLS-200 数显式弹簧拉压试验机一台；
（2）TLS-500 数显式弹簧拉压试验机一台；
（3）游标卡尺一把；
（4）实验拉伸弹簧一个，弹簧材料 65 Mn；
（5）实验压缩弹簧一个，弹簧材料 65 Mn。

2.11.3　实验原理和方法

　　试验机结构如图 2.11.1、图 2.11.2 所示，试验机是由加载部分、位移游标尺、传感器测力、负荷数显组成。
　　以 TLS-200 试验机为例（见图 2.11.1）：当转动手柄 14 时，带动齿轮齿条 3，使上压盘 7 下降，当下压盘 8 或上拉钩 1 受力后，通过对负荷传感器 10 施力，负荷传感器把实验力变成电信号，由实验力数显表 9 显示，位移通过上压盘与升降座 12 的相对移动实现，由游标尺 5 读出。
　　以 TLS-500 试验机为例（见图 2.11.2）：转动手柄 12，带动升降座 8 运动，从而对上拉钩 10 或下压盘 15 施加实验力，通过拉杆 13 形成的框架对传感器 1 向下拉，传感器把实验力变成电信号。

2.11.4　实验步骤

1. 实验准备

　　了解弹簧试验机的工作原理，熟悉试验机面板说明及设置，参阅《弹簧试验机面板说明》。

2. 操作与测量

　　（1）接通"电源"：按下"电源"键，预热 30 min。
　　（2）设置"上限"与"下限"值：TCS-200，上限=____N，下限=____N；TCS-500，上限=____N，下限=____N。
　　（3）标定仪器：按"标定"开关，调整"标定电位器"。使实验力数显表显示标定值：TLS-200 标定值=0354，TLS-500 标定值=2617。

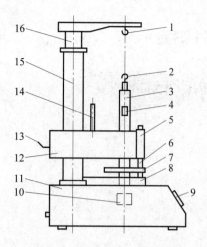

图 2.11.1　TLS-200 试验机

1—上拉钩；2—下拉钩；3—齿条；4—限位圈；
5—游标尺；6—管座；7—上压盘；8—下压盘；
9—实验力数显表；10—传感器；11—底座；12—升降座；
13—升降手柄；14—手柄；15—立柱；16—拉杆

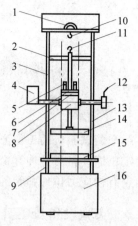

图 2.11.2　TLS-500 试验机

1—传感器；2—游标尺；3—显示器；4—标尺；
5—限位杆；6—定位套；7—限位圈；8—升降座；
9—限位螺钉；10—上拉钩；11—下拉钩；12—手柄；
13—拉杆；14—上压盘；15—下压盘；16—底座

（4）调零：按下"测量"开关，波段开关设置为"正常"时，调整"调零电位器"，使实验力数表显示为零。

（5）游标尺清零：转动手柄，使上压盘下降与下压盘接触，施加压力，游标尺立即清零，这样便于在以后的测量中清除掉因受力所带来的下压盘下沉的不利影响。

（6）根据弹簧的压缩（拉伸）的最大工作行程设置限位圈的高度，并用限位手柄锁紧。

（7）实际测量压缩弹簧：将压缩弹簧放在下压盘受力中心的位置上，略转动手柄，上压盘下降一个距离，使弹簧刚好稳定在安装位置上，记录实验力数显表和游标尺的读数，作为安装载荷和安装变形量，然后依次读取不同载荷下的变形量，填写记录。加载值不得超过额定力值。

（8）减载测量：从额定力值逐步减载，减至安装载荷，实验力和位移值记录在表 2.11.1 中。

（9）实际测量拉伸弹簧：将拉伸弹簧挂在上拉钩与下拉钩之间，测量方法同上。

（10）测量完毕将弹簧取下，使上、下压盘复位，不要使传感器受力。

（11）关"电源"，整理好实验用品。

3. 计算并填写实验记录表

测量螺旋弹簧的几何参数，计算理论弹簧刚度，填写实验记录表 2.11.1。

4. 绘制弹簧的特性曲线

（1）在直角坐标系中绘制压缩弹簧的特性曲线。

（2）在直角坐标系中绘制拉伸弹簧的特性曲线。

2.11.5　弹簧试验机面板及其操作说明

弹簧试验机操作面板示意图如图 2.11.3 所示。

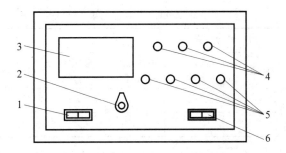

图 2.11.3　弹簧试验机操作面板示意图

1—电源开关；2—波段开关；3—数显表；4—指示灯；5—电位器；6—琴键开关

1. 电源开关

拨动此开关,可接通和关掉试验机电源。

2. 波段开关

(1)"上限"波段开关——按下此键可以设定上限实验力值。

(2)"下限"波段开关——按下此键可以设定下限实验力值。

(3)"正常"波段开关——按下此键实验力数显表显示实际测量值。

3. 数显表

实验力数显表——直读显示实验力值(N)。

4. 指示灯

(1)"上限指示灯"——当实验力超出上限设定值时此灯亮。

(2)"下限指示灯"——当实验力超出下限设定值时此灯亮。

(3)"正常指示灯"——当实验值处于上、下限值时此灯亮。

5. 电位器

(1)"上限电位器"——旋转此电位器,设定上限值的大小。

(2)"下限电位器"——旋转此电位器,设定下限值的大小。

(3)"调零电位器"——在没加力之前,旋转此电位器使数显表显示实验力值。

(4)"标定电位器"——旋转此电位器调整标定值(TLC-200)。

6. 琴键开关

(1)"标定"琴键开关——按下此键,数显表显示标定值。

(2)"测量"琴键开关——按下此键,数显表显示实验力值。

2.11.6　实验注意事项

(1) 设置上、下限时不可颠倒。

(2) 在测量时若显示值大于上限值的 10%,蜂鸣器鸣叫,提醒操作者不要继续加载,以免损坏传感器。

2.11.7　实验记录

将实验中得到的数据记录到表 2.11.1 中。

表 2.11.1　实验记录

试验机类别	压 缩 弹 簧				拉 伸 弹 簧			
	额定力值/N	自重/N	总力值/N	最大工作行程	额定力值/N	自重/N	总力值/N	最大工作行程
TLS-200								
TLS-500								

2.11.8　思考题

(1) 根据曲线图计算实际拉、压弹簧刚度,并与理论刚度比较。

(2) 试论弹簧刚度对弹簧特性的影响。

(3) 初拉力对弹簧特性曲线有何影响?

2.12　疲劳强度基础实验

2.12.1　实验目的

(1) 了解材料持久极限的测定方法。
(2) 观察材料疲劳破坏的情况。

2.12.2　实验设备

1. 疲劳试验机

疲劳试验机是疲劳实验的主要设备，一般按实验加载形式分为弯曲疲劳试验机、悬臂式疲劳试验机、拉伸疲劳试验机等。

实验室设有 PQ-6A 型弯曲疲劳试验机，可供工程材料在对称交变弯曲应力作用下，测定弯曲疲劳极限 σ_{-1} 或循环基数。

PQ-6A 型试验机由铸铁机身 3(见图 2.12.1)、支架 1 和支架 20 构成一个稳固的机架，固定在地面上。机身上固定有电动机 4 和减速箱 7。试件 13 装入轴结合部内，通过球轴承 10 安装在机身上。机身底部手轮 22、螺杆 23、拉杆 24、砝码 25、托盘 27 组成加、卸载荷机构。

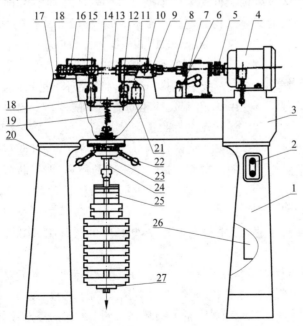

图 2.12.1　PQ-6A 型弯曲疲劳试验机

1—右支架；2—按钮开关；3—机身；4—电动机；5—联轴节；6—计数器；7—减速箱；
8—连接轴；9—支架；10—球轴承；11—轴座；12—卡箍；13—试件；14—连接杆；
15—枢轴；16—保护罩；17—导板；18—吊杆；19—弹簧；20—左支架；21—停车按钮；
22—手轮；23—螺杆；24—拉杆；25—砝码；26—磁力启动器；27—托盘

实验时,试件夹紧,电动机带动主轴和试件旋转,荷载经过拉杆、卡箍作用在试件的两端,试件的实验段便受到了弯曲力矩的作用,该力矩方向虽然不变,但因试件旋转,所以,其上各点应力的大小和方向均随时间做相同转数的周期性变化。试件的转数由计数器6给出,其值是试件转数的1/100。

2. 简易实验装置(见图2.12.2)

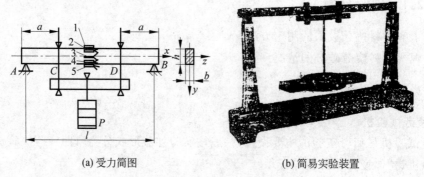

(a) 受力简图　　　　　　　　　　　(b) 简易实验装置

图2.12.2　弯曲疲劳简易实验

2.12.3　实验原理

1. 试件

测定金属材料持久极限的试件均采用小型试件。对于弯曲疲劳试件,其尺寸和形状按国标规定或根据试验机的具体结构而定。对于PQ-6A型疲劳试验机,试件夹持部分的直径为12 mm(或17 mm),全长为226 mm。

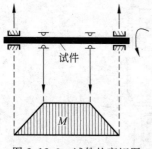

图2.12.3　试件的弯矩图

2. 材料持久极限的测定

疲劳实验一般在对称循环下进行,为了绘制疲劳曲线,需用6~8根尺寸相同的一组试件。实验时,依次改变每一根试件循环应力的最大值σ_{max}。为了减少实验次数,对于钢材来说第一根试件的σ_{max}约等于$0.6\sigma_b$,此应力是超过持久极限的。试件经过一定次数的循环,即行断裂,记录试件断裂时的循环次数。然后进行第二根试件的实验,使它的最大应力比第一根试件减少20~40 MPa,同样循环至断裂为止。对其余试件,以此类推进行下去,以求得与各个应力对应的破坏循环次数。试件的弯矩图如图2.12.3所示。

实验表明,钢材试件在一定应力作用下,经过某一循环次数而不发生疲劳破坏时,则可认为该试件继续循环下去不会破坏,此循环次数称为循环基数,以N_0表示,相应的最大应力叫持久极限,以σ_{-1}表示。国标规定钢的循环基数为5×10^8,铸铁及其他金属合金的循环基数为2×10^7。

圆形试件的持久极限按下式计算:

$$\sigma_{-1} = \frac{M}{W} = \frac{32PL}{\pi d^3}$$

式中:M——试件危险截面的弯矩,N·mm;

W——试件的抗弯断面系数，mm³；

P——荷载，对于纯弯曲试件，$P = Q/2$，Q 为包括砝码杆、盘在内的重量，N；

L——力臂长度，mm；

d——试件直径，mm。

试件的循环周期可直接从试验机的计数器上读出。

2.12.4 实验步骤

1. 测量试件尺寸

在装置试件之前，将左右垫板分别垫入卡箍与机身之间，使主轴处于水平位置。

2. 安装试件

按机器的操作规程安装试件。

3. 加载

（1）根据试件尺寸，按前面方法，计算额定载荷。在砝码上加相应的砝码，应计入砝码盘、杆的重量。

（2）开动机器，若无振动和噪声，即逆时针旋转提重手轮至极限位置，载荷即加于试件上，此时，记下计数器的读数和时间。

（3）试件断裂后机器自动停车，记下断裂时的转数与时间，顺时针旋转提重手轮至极限位置，卸去荷载，取下试件，将机器恢复原状。

2.12.5 注意事项

（1）实验开机前要将轴筒垫板取出，安装试件必须正确。

（2）缓慢转动试件，检查试件的跳动量不得大于 0.01 mm。

（3）一定要开动试验机使试件转动后再加载，当试件未断裂时，需要停车，必须先卸掉荷载。

（4）在试验机连接轴处应安装安全罩，连接轴内不得站人。

（5）在实验过程中，应严格遵守规程，实验人员不得离开现场，并注意观察出现的各种现象。如发现问题，立即停车。

2.12.6 实验记录

将实验得到的数据依次记录到表 2.12.1 中。

表 2.12.1 实验记录

试件编号	1#	2#	3#	4#	5#	6#	7#	8#
砝码重量 Q								
试件的应力 σ_{max}								
断裂时应力循环次数 N								

2.12.7 思考题

（1）影响疲劳破坏的因素有哪些？

（2）疲劳破坏的断口有什么特征？为什么？

（3）绘出试件的弯曲疲劳曲线。

2.13　自行车拆装实验

2.13.1　实验目的

(1) 了解自行车的车体结构和自行车主要零部件的基本构造与组成,如车架部件、前叉部件、链条部件、前轴部件、中轴部件、后轴部件、飞轮部件等,增强对机械零件的感性认识。

(2) 了解前轴部件、中轴部件、后轴部件的安装位置、定位和固定。

(3) 熟悉自行车的拆装和调整过程,初步掌握自行车的维修技术。

2.13.2　实验设备及拆装工具

(1) 实验设备：各种类型的自行车。

(2) 拆装工具：各类扳手、钳子、螺丝刀、锤子、鲤鱼钳等。

2.13.3　实验内容

(1) 拆装自行车的前轴、中轴和后轴。

(2) 在拆装中了解轴承部件的结构、安装位置、定位和固定。

(3) 课后做思考题,完成实验报告。

2.13.4　实验步骤

1. 自行车的拆卸

1) 前后轴的拆卸

拆卸前后轴之前,先将车支架支起。倒放前,先用螺丝刀将车铃的固定螺钉拧松,把车铃转到车把下面,另外在车把和鞍座下面垫块布。

(1) 拆卸前轴的步骤和方法。

a. 拆圆孔式闸卡子,要用螺丝刀松开两个闸卡子螺钉,将闸卡子从闸叉中向下推出,再把闸叉用手稍加掰开。凹槽式闸卡子可以不拧松闸卡子螺钉,只需将闸叉从闸卡子的凹槽中推出,再稍加掰开即可,然后将外垫圈、挡泥板支棍依次拆下。

b. 拆卸轴母,拆卸时要先卸紧的、后卸松的,防止产生连轴转的现象。

c. 拆卸轴挡,拆卸轴挡与拆卸轴母的顺序相反,应先卸松的,也就是一般先卸左边的。

d. 拆卸轴承,用螺丝刀伸入防尘盖内,沿防尘盖的四周轻轻将防尘盖撬下来,再从轴碗内抠出钢球。用同样的方法将另一边的防尘盖和钢球拆下。

(2) 后轴的拆卸步骤和方法。与拆卸前轴大同小异,拆卸时可以参照前轴的方法。所以,这里仅对不同之处介绍如下：

a. 拆卸半链罩车后轴时,先松开闸卡子,拧下两个轴母,将外垫圈、货架、挡泥板支棍、停车支架依次拆下,在链轮下端将链条向左用手(或用螺丝刀)推出,随即摇脚蹬子将链轮向后倒转。由于链条已被另一只手推出链轮,链条便从链轮上脱出。

　　b. 全链罩车后轴的拆卸方法有好几种,其中一种简易的方法是,先将左边闸卡子的螺钉用螺丝刀拧松,并推向后方,将闸叉向左稍加掰开。

　　c. 有些轻便车的后平叉头是钩形的,拆卸装有全链罩车的后轴,不需要卸链子接头,钳形闸也不需拆卸车闸,而普通闸则需拆下闸叉。

　　d. 拆卸后轴时,拧下轴母,将货架等卸下(全链罩车拆下后尾罩),将车轮从钩形后叉头上向前下方推滑下来。最后从飞轮上拆下链条。

　　2) 中轴的拆卸

　　A 型中轴的拆卸方法如下:

　　(1) 拆曲柄销。先拆左曲柄销,将曲柄转到水平位置,并使曲柄销螺母向上,用扳手将曲柄销螺母退到曲柄销的上端面与销的螺纹相平,再用锤子猛力冲击带螺母的曲柄销,使曲柄销松动后将螺母拧下,然后用钢冲将曲柄销冲下,再将左曲柄从中轴上转动取下。

　　(2) 拆下半链罩。取下左曲柄后,用螺丝刀拧下半链罩卡片的螺钉,拆下半链罩。

　　(3) 拆中轴挡。用扳手将中轴销母向右(顺时针方向)拧下,用螺丝刀(或尖冲子)把固定垫圈撬下,再用钢冲冲(或拨动)下中轴挡。

　　(4) 取右曲柄、链轮和中轴。从中轴右边将连在一起的右曲柄、链轮和中轴一同抽出,最后把钢球取出。中轴碗未损坏则不必拆下,右轴挡等零件未损坏也无必要将曲柄同中轴拆开。

　　拆卸全链罩车的中轴时,在中轴挡等零件拆下后,用螺丝刀从链轮底将链条向左(里)撬出链轮,再倒转脚蹬,将链条向里脱下。这样,右曲柄连同中轴就能顺利拆下。

　　2. 自行车的装配

　　装配自行车前,对能用的零件需进行清洗,对已损坏的零件需用同规格的新的零件代替。

　　1) 前轴的装配

　　安装前轴的步骤和方法如下:

　　(1) 沿两边的轴碗(球道)内涂黄油(不要过多,要均匀),把钢球装入轴碗。当装到后一个钢球时,要使一面钢球间留有半个钢球的间隙。如果是球架式钢球,就注意不要装反。钢球装好后,将防尘盖挡面向外,装在轴身内,用锤子沿防尘盖四周敲紧。

　　(2) 将前轴辊穿入轴身内,把轴挡(球道在前)拧在轴辊上。如用手拧不动,可以采用锁紧法(见前后轴的拆卸)。安装轴挡后要求轴辊两端露出的距离相等,轴挡与轴承之间应稍留有间隙。

　　(3) 在轴的两端套入内垫圈(有的车没有),并使垫圈紧靠轴挡,再将车轮装入前叉嘴上。然后按顺序将挡泥板支棍、外垫圈套入前轴,再拧上前轴母。随后,扶正前车轮(使车轮与前叉左右的距离相等,前轴辊要上到前叉嘴的里端),用扳手拧紧轴母。

　　(4) 前轴安装好后,松紧要适当,转动灵活,不得出现卡住、振动等现象。

　　(5) 将闸卡子移回原位置,装上闸叉,拧紧卡子螺钉。涨闸车要将涨闸去板固定在夹板内,最后锁紧螺钉。

　　2) 后轴的装配

　　与前轴的装配大同小异,但需要注意以下几点:

(1) 调链螺钉要装在后轴左右内垫圈的外面,后叉头的里面。调链螺钉的平面向里,不要装反。

(2) 后车轮装入后叉头后,先将车链挂到飞轮上,再从链轮处挂上链条,同时转动链轮,使链条挂到链轮上,最后检查链条松紧度。检查链条松紧度时,将手拉紧链条,链条与装配母线之距离最大处应为 10～15 mm。不足或超过这一标准,应用扳手拧松后轴母,然后拧动调链螺母,调动车链。

(3) 全链罩车要按照原有垫圈的数量将其套在轴上,装好车轮,再将链条重新接合,最后装上后尾罩,拧紧螺钉。

(4) 抱闸、涨闸车在装后车轮的同时,要将闸后拉杆复位,再将去板夹或盖板上好,锁紧拉杆螺母,调好车闸。后轴安装位置最好在后平叉的中端。检查后轴灵活性能的方法和要求同前轴一样(见前轴的装配),另外,调整后轴在左边进行比较方便。

3) 中轴的装配

A 型中轴的装配步骤和方法如下:

(1) 在中轴碗内抹黄油,将钢球顺序排列在轴碗内(如果是球架式钢球,可参看前后轴安装装配)。

(2) 把中轴辊(上面已安装有右轴挡、链轮和右曲柄)从右面穿入中接头,与右边中轴碗、钢球吻合。如果是全链罩车,在穿进中轴辊后,用螺丝刀将链条挂在链轮的底部,转动链轮,将链条完全挂在链轮上。

(3) 将左轴挡向左拧在中轴辊上,但与钢球之间要稍留间隙,再将固定垫圈(内舌卡在中轴的凹槽内)装进中轴,最后用力锁紧中轴锁母。

(4) 中轴的松紧要适当,应使其间隙最小,而又转动灵活,旷度不超过 0.5 mm。轴挡松或紧,可拧松中轴锁母,用尖冲冲动轴挡端面的凹槽,调动轴挡,最后用力锁紧中轴锁母。

(5) 将左曲柄套在中轴左端,并转到前方与地面平行,把曲柄销斜面对准中轴平面,从上面装入曲柄销孔,并打紧。左、右曲柄销的安装方向正好相反。换右轴挡以及安装右曲柄销,也可按上述装配方法进行。

(6) 将链条从下面挂在链轮上,挂好链条,再安装半链罩。如果是全链罩车,将全链罩盖前插片按照拆卸相反的顺序装在罩上(参看中轴的拆卸)。最后,拧动调链螺母调整链条的幅度,拧紧右端的后轴母。

2.13.5　实验要求

拆装自行车零件时,应规范操作,操作时不要猛砸猛敲,以免损坏自行车零部件。

2.13.6　思考题

(1) 拆卸轴母时,为何要先卸紧的,后卸松的?

(2) 如何拆卸轴挡圈?

(3) 自行车的前轴组合结构是怎样的? 这种结构有什么优点?

2.14　慧鱼技术创新设计实验

实验项目性质：设计性　实验计划学时：2＋8

2.14.1　实验目的

培养学生设计、修改方案并掌握利用模型检验方案是否正确。

2.14.2　实验设备和工具

慧鱼创意组合模型、电源、计算机、控制软件等。

2.14.3　实验原理

在进行机构或产品的创新设计时，往往很难判断方案的可行性，如果把全部方案的实物都直接加工出来，不仅费时费力，并且很多情况下设计的方案还需模型来进行实践检验，所以不能直接加工生产出实物。现代的机械设计很多情况下是机电系统的设计，设计系统不仅包含了机械结构，还有动力、传动和控制部分，每个工作部分的设计都会影响整个系统的正常工作。全面考虑这些问题来为每个设计方案制作相应的模型，无疑成本是高昂的，甚至由于研究目的、经费或时间的因素而变为不可能。

慧鱼创意组合模型由各种可相互拼接的零件组成，由于模型充分考虑了各种结构、动力、控制的组成因素，并设计了相应的模块，因此可以拼装成各种各样的模型，可以用于检验学生的机械结构设计和机械创新设计。

2.14.4　实验准备工作

熟悉慧鱼创意组合模型的拼装，领取模型。

2.14.5　实验方法与步骤

(1) 根据教师给出的创新设计题目或范围，经过小组讨论后，拟定初步设计方案。

(2) 将初步设计方案交给指导教师审核。

(3) 审核通过后，按比例缩小结构尺寸，使该设计方案可由慧鱼创意组合模型进行拼装。

(4) 选择相应的模型组合包。

(5) 根据设计方案进行结构拼装。

(6) 安装控制部分和驱动部分。

(7) 确认连接无误后，上电运行。

(8) 必要时连接计算机接口板，编制程序，调试程序。步骤为：先断开接口板、计算机的电源，连接计算机及接口板，接口板通电，计算机通电运行。根据运行结果修改程序，直至模型运行达到设计要求。

(9) 运行正常后，先关计算机，再关接口板电源。然后拆除模型，将模型各部件放回原存放位置。

2.14.6　慧鱼创意组合模型的说明

1. 构件的分类

慧鱼创意组合模型的构件可分成机械构件、电器构件、气动构件等几大部分。

1) 机械构件

机械构件包括齿轮、连杆、链条、齿轮(圆柱直齿轮、锥齿轮、斜齿轮、内啮合齿轮、外啮合齿轮)、齿轮轴、齿条、蜗轮、蜗杆、凸轮、弹簧、曲轴、万向节、差速器、齿轮箱、铰链等,如图 2.14.1 所示。

60°	31010 3×		31360 1×		32958 1×		36298 2×
30°	31011 4×		31426 2×		32985 1×		36299 4×
	31019 1×		31436 2×		35031 2×		36323 4×
	31021 2×		31663 1×		35049 4×	63.6	36326 2×
	31022 1×		31762 38×		35053 6×		36334 5×
	31023 4×		31779 1×		35054 3×		36438 1×
110	31031 2×		31915 1×	120	35060 2×		36443 1×
90	31040 1×	15°	31981 4×		35078 1×		36532 2×
	31058 2×		31982 7×		35945 1×		36559 1×
15	31060 1×		32064 7×		35969 6×		36983 1×
30	31061 4×		32233 1×		35970 1×		37237 7×
	31064 1×		32263 2×		36120 1×		37238 4×
	31078 1×		32293 1×		36121 1×		37468 2×
	31082 1×		32850 4×		36134 1×		37636 2×
	31323 1×		32879 13×		36248 77×		37679 8×
	31336 15×		32881 12×		36294 2×		37681 1×
	31337 15×		32882 3×		36297 5×		37783 2×

图 2.14.1　慧鱼传感器机械构件

2) 电器构件

电器构件包括直流电机(9 V 双向)、红外线发射接收装置、传感器(见图 2.14.2)、发光器件、电磁气阀、接口电路板、可调直流变压器(9 V,1 A,带短路保护功能)。接口电路板含计算机接口板、PLC 接口板。下面主要介绍计算机接口板和红外线发射接收装置。

 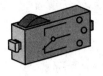

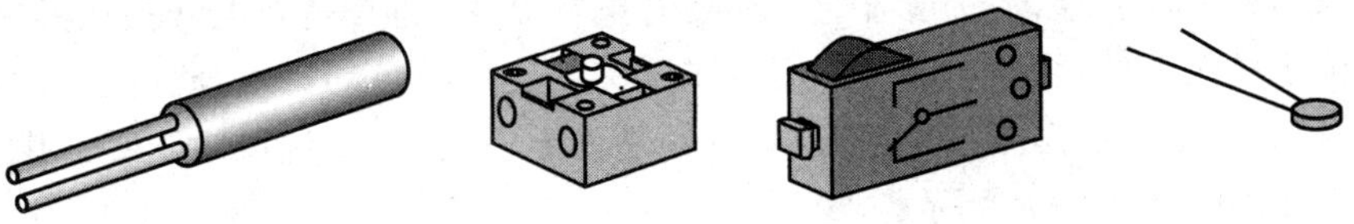

(a) 磁电传感器　　(b) 光电传感器　　(c) 接触传感器　　(d) 热敏传感器

图 2.14.2　慧鱼传感器组合实验用传感器

(1) 计算机接口板

- 自带微处理器;
- 程序可在线和下载操作;
- 用 LLWin 3.0 或高级语言编程;
- 通过 RS 232 串口与计算机连接;
- 四路马达输出;
- 八路数字信号输入;
- 二路模拟信号输入;
- 具有断电保护功能(新版接口);
- 两接口板级联实现输入、输出信号加倍。

另外,PLC 接口板主要用于实现电平转换,直接与 PLC 相连。

(2) 红外线发射接收装置

红外线遥控装置由一个红外线发射器和一个微处理器控制的接收器组成,可控制所有模型的电动马达。红外线遥控装置有效控制范围是 10 m,分别可控制三个马达。

3) 气动构件

气动构件包括储气罐、气缸、活塞、气弯头、手动气阀、电磁气阀、气管等。

2. 构件的材料

所有构件主料均采用优质的尼龙塑胶,辅料采用不锈钢芯、铝合金架等。

3. 构件连接方式

基本构件采用燕尾槽插接方式连接,可实现六面拼接,满足构件多自由度定位的要求,可多次拆装,组合成各种教学、工业模型。

4. 控制方式

通过计算机接口板或 PLC 接口板实现计算机或 PLC 控制器对工业模型进行控制。当要求模型的动作较单一时,也可以只用简单的开关来控制模型的启、停。

5. 软件

用计算机控制模型时,采用 LLWin 软件或高级语言如 C、C++、VB 等编程。LLWin 软件是一种图形编程软件,简单易用,实时控制。用 PLC 控制器控制模型时,采用梯形图编程。

2.14.7　慧鱼创意组合模型实验

1. 干手器

干手器的作用原理是利用常温的风或热风吹干手上的水分,因此干手器的基本机构组成里应有风扇或鼓风装置,为了节省能源还要有电源开关,通常是光电开关或感应开关,由于在干手前手是潮湿的,因此不适宜采用机械开关。利用慧鱼创意组合模型中的传感器组合包,我们可将此干手器模型组建起来,采用的是光电开关,用常温风吹干手。模型的组合步骤如图 2.14.3、图 2.14.4 所示。

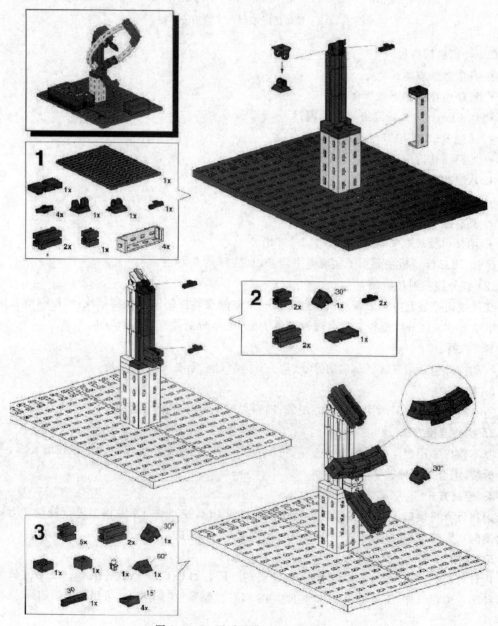

图 2.14.3　干手器模型的组建步骤之一

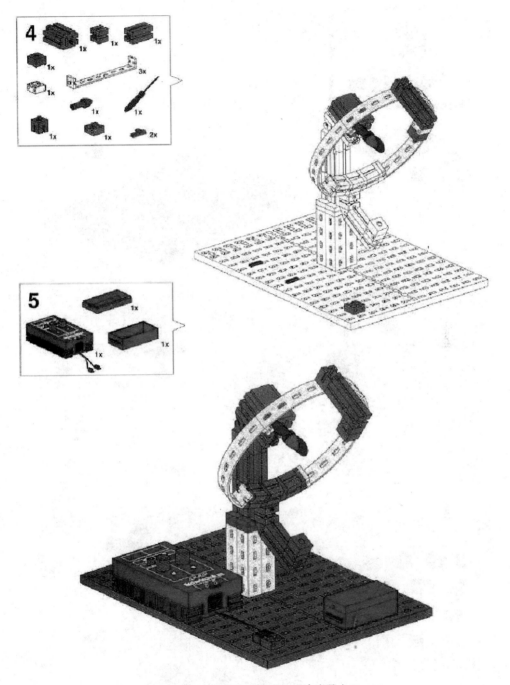

图 2.14.4　干手器模型的组建步骤之二

2. 自动打标机

自动打标机是用来在产品上打印标签的机器。打标机的动力源是电动机,采用飞轮带动曲柄旋转从而使打印头作往复打印运动,工作平台上装有光电感应开关,当工件到达打印工作平台,将光电开关的光线遮住,触动光电开关,使电动机转动,打印头作一次往复运动,则打印工作完成。该模型的组合步骤如图 2.14.5 和图 2.14.6 所示。

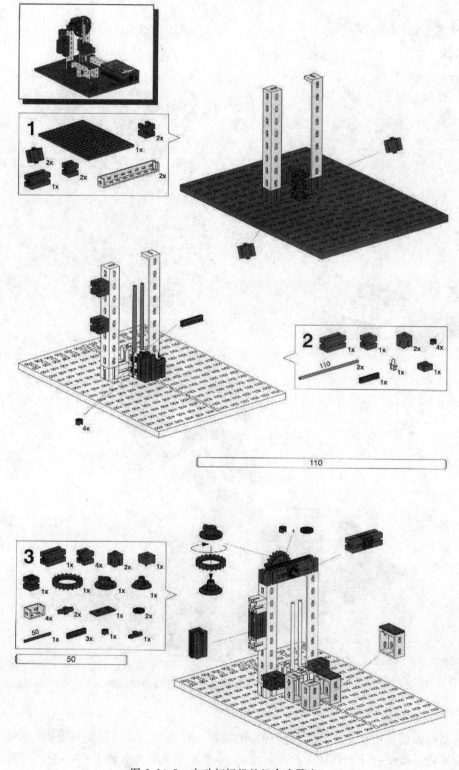

图 2.14.5　自动打标机的组合步骤之一

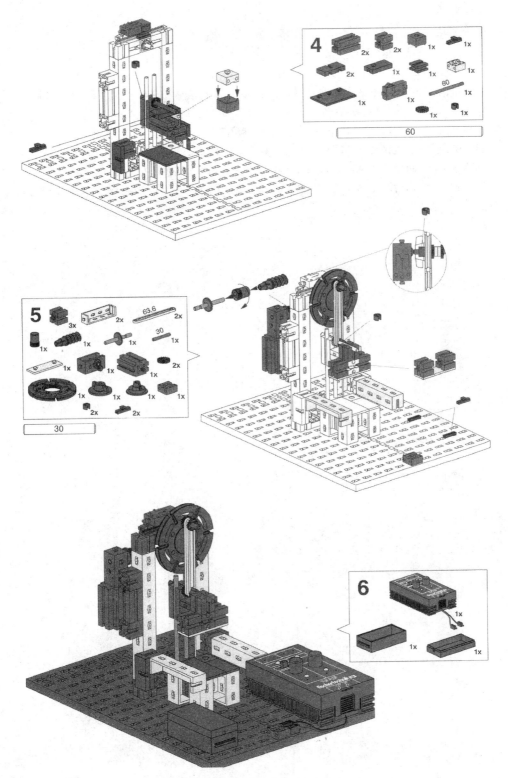

图 2.14.6 自动打标机的组合步骤之二

参 考 文 献

[1] 孙桓.机械原理[M].8版.北京：高等教育出版社,2013.

[2] 杨昂岳,毛笠泓,夏宏玉.实用机械原理与机械设计实验技术[M].长沙：国防科技大学出版社,2009.

[3] 朱文坚,何军,李孟仁.机械基础实验教程[M].2版.北京：科学出版社,2007.

[4] 王旭.机械原理实验教程[M].济南：山东大学出版社,2006.

[5] 濮良贵,纪名刚.机械设计[M].9版.北京：高等教育出版社,2013.

[6] 胡德飞,陶晔.机械基础课程实验[M].北京：机械工业出版社,2009.

[7] 王洪欣,程志红,付顺玲.机械原理与机械设计实验教程[M].南京：东南大学出版社,2008.